Agricoltura Energetica

- Beneficiare delle Energie sottili
della Natura per la
Fattoria ed il Giardino

Alanna Moore

Python Press

Agricoltura Energetica
– Beneficiare delle Energie sottili della Natura per la Fattoria ed il Giardino

di Alanna Moore - 2001
2a edizione - rivista e aggiornata - 2011
Edizione Italiana - 2024
© Alanna Moore, Andrea Donnoli & Valentina Ghione

ISBN: 978-0-6452854-4-4

Pubblicato da
Python Press
Irlanda e Australia
www.pythonpress.com

Tutti i diritti sono riservati. Nessuna parte di questo libro può essere utilizzata o riprodotta, ad eccezione di brevi citazioni in articoli e libri, salvo previa autorizzazione. Le informazioni contenute in questo libro sono riportate in buona fede, ma tutte le raccomandazioni sono fornite senza nessuna responsabilità da parte dell'autore. I contenuti di questo libro non sostituiscono una consulenza specifica e l'autore declina ogni responsabilità in relazione all'uso o all'abuso delle informazioni qui contenute.

Contributi - Foto, testo e design di Alanna Moore, tranne quando diversamente indicato. Per le foto si ringraziano Junitta Vallak, Suzy Keys, Billy Arnold e Peter Cowman. Illustrazioni di David Gascoigne and Greg Smith. Grazie per l'assistenza a Suzy Keys, Tom Graves, Gil Robertson, Gary de Piazzi, Peter Cowman e a tutti i meravigliosi studenti che hanno fornito feedback sui loro successi a seguito dei miei consigli in agricoltura e giardinaggio.

Copertina anteriore - La torre rotonda più alta d'Irlanda, la torre pendente di Kilmacduagh, nella Contea di Galway.

Retro copertina - Dettaglio della ciclopica struttura in pietra della torre di Kilmacduagh.

Indice dei contenuti

Agricoltura Energetica
Parte prima - Il suolo e l'anima

Capitolo 1.1 L'imperativo dell'ecoagricoltura 1
I pericoli dell'agricoltura moderna 1 Salinità del suolo arido; Abuso di sostanze chimiche 3; Soluzioni? 5; Testare lo stato del suolo, Test del suolo di Albrecht 6; Test del suolo di Reams 7 Componenti essenziali di un suolo sano, I Minerali 8; Energia, Magnetismo 10; Paramagnetismo 11; Osservazioni globali di Callahan 12; Misurazione del paramagnetismo 14; Indurre la paramagnetismo, 15; Querce paramagnetiche 16; Luce dalle rocce, Radiazioni infrarosse 17; Materia organica, Microbi 18; Fare il compost 20; Ammendanti tradizionali Giapponesi, Bokashi e Ekihi 22; Riepilogo sulla coltivazione Ecologica 23; Riferimenti 24.

Capitolo 1.2 La polvere di roccia può salvare i nostri terreni 25
Prove con la polvere di roccia 26; Efficacia dei costi, Rocce di granito 27; Granito e saggezza antica 28; Va bene qualsiasi polvere di roccia? 29; Prodotti paramagnetici, Effetti dell'uso della polvere di roccia: Aumento della rendimenti 30; Riduzione della mortalità; Soppressione dei parassiti 31; Protezione dai funghi, Soppressione delle erbe infestanti, Miglioramento del sapore 30; Miglioramento della qualità 32; Salute umana, Miglioramento del pH 33; Facilità di coltivazione 34; Resistenza al gelo; Riduzione della salinità del suolo 35; Passaggio all'organico; Immagazzinabilità; Silvicoltura 36; Riduzione degli odori nel letame, Somministrazione di polvere di roccia agli animali, Rocce curative 37; Lotta contro le alghe tossiche; Contro i parassiti, Anti-radiazioni 38; Ripristino dell'acqua, Sistemi di acque grigie 39; Trovare buone fonti 40; Fonti in Italia, Tassi e regimi di applicazione 41; Una parola di avvertimento; Verifica della teoria 42; Benefici dell'eco-agricoltura in breve 43; Riferimenti 44.

Capitolo 1.3 Ripristino della risonanza naturale 45
Ricerca Austriaca 45; Agopuntura Terrestre 48; Gruppo di Studio Australiano sulla Risonanza Naturale 49; Riferimenti 51.

Parte Seconda - Radiestesia e Giardinaggio

Capitolo 2.1 L'arte della Radiestesia 53
Cos'è la Radiestesia? 53; Come funziona la radiestesia? 54; L'arte della rabdomanzia 55; La rabdomanzia e le onde cerebrali 57; La rabdomanzia con i pendoli 58; I pendoli di cristallo 59; Quando indagare con la rabdomanzia, Come iniziare 57; L'uso dei campioni 61; La rabdomanzia con i quadranti 59; La misurazione 62; Il metodo dei tassi, Il tempo 63; La rabdomanzia senza strumenti, La rabdomanzia energetica 64; Gli scarsi risultati, La rabdomanzia e l'analisi del terreno 65; La storia di Ralph Thomas 66; La rabdomanzia nel giardino di Anne 68; Riferimenti 70.

Capitolo 2.2 La radiestesia e oltre 71
La radiestesia degli antichi Maya 71; La radiestesia moderna 72; I Tubi Cosmici 74; Etica; la radiestesia semplificata 75; Riferimenti 76.

Capitolo 2.3 Le energie delle piante 77
La forza della spirale 77; Il 'raggio fondamentale' 78; Il poteri degli alberi 79; La comunicazione delle piante, Canti e danze81; Amare le piante,; Riferimenti 82.

Capitolo 2.4 Pietre in giardino 83
Giardini in crescita! Megaliti e monoliti 83; Cumuli/Hugelkultur 84; Riferimenti 85.

Capitolo 2.5 Tecniche psico-spirituali 86
Piante e preghiera, Geometria radiestesica: Il magnetron 87; Cerchio e freccia; Uccelli contro uccelli 88; Recinzione delle forme-pensiero, Co-creare con i devas 89; Agricoltura pranica 90; Riferimenti 92.

Capitolo 2.6 Bobine agricole 93
Rame 93; Bobina di Lakhovsky 94; Bobina di Moody 96; Bobina a sette giri, Bobina a nove giri 97; Spirale verticale 98; Altre bobine 99; Riferimenti 100.

Parte terza - Coltivazione dinamica

Capitolo 3.1 La biodinamica moderna 101
La BD incontra la geomanzia? Il rimedio dell'argilla 102; Argilla di corno 103; Disinfestazione BD 104; Stimolare la vita! 105; La BD non è sempre buona, BD e precipitazioni 106; Compost in barile 107; Riferimenti 108.

Capitolo 3.2 Permacultura Sensitiva 109
Perché la permacultura? Obiettivi ed etica 109; Cibo per l'anima, Energia ch'i 110; Valori della natura selvaggia, Geomanzia in permacultura 111; Riferimenti 112.

Capitolo 3.3 Agnihotra e Homa Farming 113
Servire la natura; Purificazione 113; Un'oasi di vita 114; Effetti dell'Agnihotra; La tecnica 115; Fattorie e giardinieri Homa 117; Pilastri di fuoco 118; Paralleli 119; Bene anche per il fosforo, Riferimenti 120.

Parte quarta - La tecnologia delle torri

Capitolo 4.1 L'eredità magica 121
Fiabe? 121; L'evoluzione religiosa 122; Il sole e la croce 123; Fuochi sacri 124; L'orientamento lunare, Fuoco e l'acqua 125; Beltaine 127; La danza sacra 128; Le passeggiate sacre 129; I pozzi sacri, I druidi 130; Riferimenti 131.

Capitolo 4.2 Le torri rotonde d'Irlanda 132
Cosa dice la storia documentata? 133; Che cos'è una torre rotonda? 136; Ornamenti e simboli 137; Pavimenti e finestre 138; Evoluzione architettonica 140; Dall'età del bronzo all'età del ferro 142; Arriva il cristianesimo 143; I monasteri 144; Il pellegrinaggio Irlandese all'estero 145; L'età della torre rotonda; il pellegrinaggio Irlandese 146; Templi del fuoco? 149; La conquista Normanna 150; Il revival delle

torri rotonde; Quali torri probabilmente non erano 151; Congetture 152; Riferimenti 153.

Capitolo 4.3 La radiestesia delle Torri Rotonde 154
Paralleli energetici altrove 156; Perché l'acqua? L'acqua attrae le torri? 158; Ley Lines/Linee di fuga 160; Campi energetici paramagnetici; Riferimenti 161.

Capitolo 4.4 Torri di potere 162
Prospettive di Callahan 163; Esperimenti con le mini torri 165; Torri di potere moderne, Torre di Wooster 166; Prova vivente, Mucchi di uva 168; Pomodori terrificanti 169; Benessere favoloso 170; Torri di agricoltura su larga scala 171; Far piovere, Grandi erbacce infestanti 172; Effetti antifungini 173; Animali e magnetismo 174; Animali selvatici e torri, Miglioramento della vita sessuale 176; Anti-radiazioni, Torri e spiriti della natura 177; Riferimenti 178.

Capitolo 4.5 Costruire torri elettriche 179
Torri di tubi di plastica 179; Tappi per torri, Torri in muratura 181; Vasi di terracotta, Torre di vasi di plastica, Posizionemento delle torri 182; Tempistica 183; Energie delle torri elettriche, Altro sul vortice 184; Porta dell'energia e radionica 185; Rituali delle torri 186; Riferimenti 188.

Capitolo 4.6 I problemi con le Torri di Energia 189
Cosa può andare storto? Materiali o costruzione inadeguati? Punto energetico sbagliato? 189; Posizione inapppropriata? 190; Motivazione errata? 191; Interferenze geologiche? Disturbi minori, Interferenza metallica? 192; Etica e proprietà? Tempistica 193; Conclusione 194.

Parte Quinta - Coltivare con un Futuro
Capitolo 5.1 Olive sorprendenti 195
Crescita sorprendente 196; Paramagnetismo 197; Aggiornamento 2011 199.

Capitolo 5.2 Le produzione lattiero casearia biologica 200
Pianificazione della linea Keyline 201; Magia del suolo 202; Paramagnetismo, Problemi con l'acqua 203; Acqua energizzata, Mantenere le mucche in salute 204; Ricetti di Ron - tonico per mucche e leccata per mucche 205; Il latte; Lo stile di vita; Aggiornamento 2011 206.

Capitolo 5.3 Grano con una differenza 207
Avamposto della permacultura 208; I vecchi tempi 209 Condividere la visione 210

Capitolo 5.4 L'agricoltura in città 211

Glossario 213   Risorse 217

Introduzione di Andrea Donnoli

E' un vero onore per me tradurre il best seller di Alanna, anche perché racchiude una miniera d'oro di informazioni sul lavoro che porto avanti da anni, per rigenerare in modo naturale gli ecosistemi. Troverai in questo libro tantissimi dettagli ed insegnamenti utili, sia storici, scientifici, che di altri sperimentatori, su piccola e larga scala, per le piante, gli animali e le aziende agricole e come dico io quel che conta sono sempre solo i risultati, che non mancano di sorprenderci. L'uso della rabdomanzia, radiestesia è una chiave fondamentale per sintonizzarsi con Madre Terra, per comprendere come funzionano i meccanismi vitali e soprattutto per prendersi cura dell'ecosistema nel quale viviamo e dal quale dipendiamo.

Personalmente ho trovato in questo libro tantissimi spunti e soprattutto delle conferme di come attraverso vie differenti sia possibile migliorare il nostro pianeta. Le mie ricerche erano partite dalla Sardegna, dai siti Megalitici e da un approfondimento sulle rocce energetiche, cosa che ho perfezionato anno dopo anno, senza sosta, confrontandomi con tanti altri ricercatori indipendenti come me. Ad oggi personalmente ho installato oltre 400 menhir o torri energetiche principalmente in Italia, ed Europa, coprendo oltre 5000 ettari con soluzioni di Agricoltura Energetica Vibrazionale, ho creato un Accademia ed il mio approccio è simile a quello di Alanna, che mi ha sempre ispirato e continuerà a farlo, la ringrazio poiché è un mondo infinito e siamo solo all'inizio. Ringrazio Valentina Ghione anche per questa traduzione.

Madre Natura ci guida mostrandoci la strada ed oggi come non mai abbiamo bisogno di ecosistemi, cibo, animali ed esseri umani altamente energetici, se vorrai incontrarci sarà un piacere.

Buona Lettura e Buona Vita

Andrea Donnoli –
Fondatore
www.elettro-coltura.com

andrea.donnoli@elettro-coltura.com

Foto di Andrea e Valentina in un nocciolento che ha prodotto il 50% in più dopo l'installazione.

Parte Prima - Il Suolo e l'Anima

Capitolo 1.1 L'imperativo dell'eco-agricoltura

L'umanità sta consumando il pianeta a una velocità spaventosa. Sta distruggendo terre selvagge, polmoni della Terra e culle d'acqua, in nome della silvicoltura e dell'agricoltura. Sta abusando dei terreni agricoli con coltivazioni e pascoli dove si pratica un uso eccessivo di sostanze chimiche. Mentre la popolazione umana in continua crescita richiede una produzione alimentare sempre maggiore.

Molte aree selvagge sono ora protette, tuttavia dobbiamo anche praticare la conservazione della biodiversità su aree più vaste in cui abbiamo maggiore influenza: i nostri terreni agricoli. Altrimenti finiranno per diventare sterili terreni incolti che producono cibo che non vale la pena mangiare.

I pericoli dell'agricoltura moderna

La maggior parte dei terreni coltivabili del mondo è interessata da varie forme di degrado del suolo. Gli insetti e le piante infestanti hanno sviluppato livelli crescenti di resistenza agli spray tossici. Sono necessari sempre più prodotti chimici, che avvelenano la vita benefica del suolo, la fauna selvatica e gli agricoltori. I nostri corpi sono pieni di cocktail di residui tossici accumulati. L'agricoltura moderna, che utilizza veleni derivati dalle fabbriche chimiche del dopoguerra, porta tutti noi a una lenta morte.

In Australia la colonizzazione europea ha portato con sé metodi di coltivazione inadeguati su terreni molto più vecchi e poveri, provocando un inesorabile degrado del suolo. A differenza dei loro lussureggianti omologhi europei, i terreni australiani sono spesso poveri di minerali, microbi o materia organica, mentre le precipitazioni sono intermittenti. Si tratta spesso di terreni fragili, con problemi di compattazione, salinizzazione ed acidificazione. Dopo pochi anni di coltivazione, la fertilità di questi terreni è spesso in gran parte esaurita. Una simile "estrazione" della produttività del suolo si è verificata in molte altre parti del mondo. In passato le persone abbandonavano i terreni che non producevano più e cercavano nuove terre da coltivare. Ma al giorno d'oggi non ci sono più terre vergini dove andare.

L'agricoltura industriale moderna su larga scala è intrinsecamente insostenibile, con la sua totale dipendenza dal petrolio e dalle risorse esterne. Le promesse di colture miracolose geneticamente modificate non sono mai state realmente realizzate e gli agricoltori biologici sono rovinati quando il polline delle colture geneticamente modificate si diffonde nelle loro aziende, contaminando il pool genetico. Al contrario, i sistemi di agricoltura tradizionale nutrono la terra e la sua gente. E, nonostante le spinte dei sostenitori degli Ogm, questi sistemi antichi e biologici sono altamente produttivi!

Gli agricoltori moderni sono spesso sottoposti a un'enorme pressione dovuta alla necessità di generare profitto, con la pressione dei costi di produzione che aumentano vertiginosamente e dei prezzi dei prodotti che fluttuano continuamente. (Oggi i consumatori si aspettano di pagare il cibo molto meno, in proporzione al reddito, di quanto non facessero in passato). Anche gli impatti climatici estremi causano continue perdite dei raccolti.

L'elevata esposizione alle sostanze chimiche e alti livelli di indebitamento hanno aumentato malattie e casi di suicidio tra gli agricoltori. La morte per suicidio di 200.000 agricoltori indiani, ad esempio, è stata collegata all'introduzione di sementi di cotone geneticamente modificate all'inizio degli anni '90, afferma la dottoressa Vandana Shiva. Gli attivisti, come il Principe di Galles, lo chiamano 'genocidio geneticamente modificato'.[1] (E ora, nel XXI secolo, il suicidio è la prima causa di morte per gli agricoltori Americani, dice Don Weaver).

Presto potrebbe arrivare un momento in cui non ci sarà abbastanza cibo per tutti. Non sorprende che l'autoproduzione di cibo negli orti domestici gode di grande popolarità in questi giorni! Le vendite di semi di ortaggi stanno superando quelle di semi di fiori per molte aziende produttrici di sementi.

L'erosione del suolo è documentata da oltre duemila anni e Platone ne lamentava gli effetti disastrosi in Grecia. La Mezzaluna Fertile della Mesopotamia, con la sua agricoltura intensamente irrigata, è ora un deserto. Questo è un risultato comune dell'agricoltura irrigua.

Continuiamo a perdere terreno fertile a un ritmo spaventoso. Il guru del suolo Arden Anderson stima che gli Stati Uniti abbiano perso il 50% del suolo fertile dei terreni agricoli nel corso del XX secolo. Ogni anno, secondo il Servizio di Conservazione del Suolo degli Stati Uniti, i terreni coltivati Americani perdono oltre tre miliardi di tonnellate di prezioso humus.[2]

I terreni a basso contenuto di materia organica sono pericolosamente soggetti all'erosione del vento e dell'acqua. Mentre i terreni ricchi di sostanze organiche, tenuti insieme dalla materia organica, hanno una maggiore resilienza. Assorbono facilmente l'acqua e si erodono con più lentezza. Un approccio ecologico all'agricoltura è quindi imperativo se la società vuole raggiungere una vera sostenibilità, o permacultura (agricoltura/cultura permanente).

Salinità dei terreni aridi

La deforestazione massiccia e l'agricoltura estensiva hanno fatto sì che la salinità dei terreni aridi diventasse un problema importante in alcune zone dell'Australia. Si stima che solo nel bacino di Murray-Darling siano stati abbattuti 15-20 miliardi di alberi negli ultimi 200 anni circa. Nel 2000 gli scienziati australiani del CSIRO hanno suggerito che il 30-50% del bacino di Murray-Darling deve essere reimpiantato per contribuire a ridurre questo problema. [3]

Ma questa regione è un importante bacino alimentare per tutto il mondo! Negli anni successivi al rapporto del CSIRO è emerso che gli scienziati del governo non avevano individuato la soluzione corretta alla salinità del suolo. I risultati dei programmi di piantumazione di alberi hanno dato risultati discontinui. Milioni di dollari sono stati sprecati. Ho scritto di questo problema nel mio libro del 2007 La saggezza dell'acqua, perché la salinità del suolo ha più a che fare con l'idrologia sotterranea e le pratiche agricole e raramente è causata da un "innalzamento delle falde acquifere", come dichiara la dottrina ufficiale del governo.

Per contribuire a ridurre la salinità del suolo si possono piantare alberi in luoghi appropriati e, idealmente, non su aree coltivate. Le erbe perenni possono fare un grande lavoro. Le tecniche di coltivazione senza aratura sono ideali, perché i terreni duri che si sviluppano con l'aratura costante sono una parte importante del problema della salinità. Il metodo senza lavorazioni è generalmente molto dipendente dagli erbicidi per preparare il terreno alla semina. Altre tecniche di eco-agricoltura, tra cui le applicazioni di polvere di roccia su cui ci concentreremo maggiormente in questo libro, possono contribuire a invertire la salinità delle terre aride, potenziando la naturale capacità di equilibrio omeostatico del suolo.

Abuso di sostanze chimiche

Per i terreni agricoli, l'agricoltura chimica è simile a una dieta a base di cibo spazzatura per le persone. La disponibilità improvvisa di nutrienti NPK (azoto, fosforo e potassio) nel suolo dà un potente stimolo ai microbi del suolo.

Questi ultimi si scatenano fino al collasso, dopo aver consumato tutta la materia organica disponibile come fonte di carbonio. Avendo esaurito la materia organica, la morte della popolazione microbica provoca un blocco dei nutrienti del suolo. Il suolo è virtualmente morto, fino a quando la successiva dose di cibo spazzatura non lo fa temporaneamente risorgere. [4]

L'abuso di azoto nelle colture è molto diffuso: il 50% di questo fertilizzante idrosolubile viene allontanato da dove è necessario e lisciviato nei corsi d'acqua, unendosi al suolo dilavato per rendere l'agricoltura moderna una grave minaccia per i fiumi. Le alghe tossiche possono fiorire, rendendo i corsi d'acqua mortalmente pericolosi. Ai tropici, con piogge intense ed erosione accelerata, il problema è ancora più grave.

Molti fertilizzanti contengono inoltre metalli pesanti tossici, come il cadmio, spesso presente nei superfosfati. La combinazione residua nel suolo di nitrati, metalli pesanti e altre sostanze chimiche è un cocktail pericoloso. Gli acidi dei fertilizzanti e dei biocidi dissolvono l'humus nel terreno e, mentre molte malattie delle piante sono controllate da antibiotici naturali prodotti da batteri e funghi del suolo che prosperano intorno alle radici delle piante in un terreno ricco di humus, questi vengono uccisi dall'uso di sostanze chimiche.

I risultati possono essere letali per gli esseri umani che ingeriscono questi prodotti. Un buon esempio è il glifosato, il diserbante più venduto al mondo, meglio conosciuto con il nome commerciale di Roundup. Il suo modus operandi è stato descritto dall'Institute for Responsible Technology (gennaio 2011):

"Indebolendo le piante e promuovendo le malattie, il glifosato apre la porta a molti problemi nei campi. ... è stato documentato che con l'uso del glifosato si sono manifestate più di quaranta malattie nelle piante coltivate... Alcuni dei funghi promossi dal glifosato producono tossine pericolose che possono finire negli alimenti e nei mangimi... Sono stati collegati alle epidemie di peste dell'Europa medievale, alla tossicosi umana su larga scala nell'Europa orientale, al cancro all'esofago nell'Africa meridionale e in alcune parti della Cina, alle malattie articolari in Asia e nell'Africa meridionale e a un disturbo del sangue in Russia". [5]

Oggigiorno è comune che la salute umana peggiori seriamente vivendo nelle aree agricole. Uno studio messicano ha scoperto che i bambini che vivevano in una valle e bevevano acqua con residui di pesticidi avevano ritardi nello sviluppo ed erano molto aggressivi, molto più di un gruppo di controllo che viveva sulle colline e beveva acqua pura. In uno studio americano, è stato riscontrato che i figli degli utilizzatori di pesticidi in Minnesota presentavano livelli più elevati di difetti alla nascita. Un altro studio ha dimostrato che i livelli di pesticidi nelle persone avevano effetti accumulativi e che anche con livelli bassi si registrava un aumento dell'incidenza di tumori. [6]

L'Autorità americana per la protezione dell'ambiente ha stimato che i pesticidi contaminano la fonte primaria di acqua potabile di oltre la metà della popolazione del Paese. Si ritiene inoltre che il 60% di tutti gli erbicidi, il 90% dei fungicidi e il 30% degli insetticidi utilizzati siano cancerogeni, essendo stati approvati per l'uso prima che fossero obbligatori test più severi. Gli agricoltori californiani che soffrono di avvelenamento da pesticidi hanno il più alto tasso di malattie professionali dello Stato. Tra il 1947 e il '74 l'uso dei pesticidi negli Stati Uniti è decuplicato, ma nello stesso periodo le perdite di raccolto a causa degli insetti sono raddoppiate, a causa dei crescenti livelli di resistenza chimica. [2]

Oltre a essere avvelenati dall'agricoltura moderna, sempre più studi dimostrano che la dieta è una delle cause principali di un'ampia gamma di problemi di salute e sociali, con sintomi fisici e psicologici. La mancanza di un'adeguata nutrizione intrinseca negli alimenti sta causando una diffusa malnutrizione, che riflette un pessimo stato del suolo in cui gli alimenti vengono coltivati.

Soluzioni?
Questi enormi problemi di produzione alimentare sono troppo complessi e insormontabili? O si possono trovare soluzioni possibili? Nonostante gli scenari di gloria e la richiesta di ulteriori ricerche da parte degli scienziati, esistono già abbastanza soluzioni, sperimentate con successo, e non sono necessariamente complicate o costose. Proprio per questo il mondo delle imprese non è interessato. In generale, c'è poco da guadagnare per l'agricoltore nel salvare l'ambiente e la specie in pericolo, e quindi vi presta poca attenzione. Eppure c'è tutto da guadagnare!

È necessario un grande cambiamento di paradigma. L'agricoltura può essere un'attività sana, divertente e salutare, basata su tecniche sostenibili di cura del suolo che hanno creato abbondanza da sempre. Si possono applicare i principi dell'agricoltura biologica, biodinamica e sostenibile a basso input (L.I.S.A.), con una pianificazione in permacultura dell'azienda agricola che garantisca un uso appropriato del suolo (ad esempio riservando aree per la flora e la fauna autoctone).

Il cambiamento sta avvenendo. I supermercati stanno abbracciando il biologico. Nel 2001, la minaccia del morbo della 'mucca pazza' ha spinto il governo tedesco a chiedere che l'agricoltura diventasse verde, in seguito a un calo dell'80% delle vendite di carne bovina. Oggi le potenti catene di supermercati chiedono prodotti più puliti e più ecologici, nella competizione per la fedeltà dei clienti. Il potere dei consumatori sta spingendo i cambiamenti necessari e dimostra che tutti noi possiamo essere coinvolti nel garantire la sopravvivenza umana e planetaria, semplicemente facendo le scelte giuste quando facciamo la spesa. Senza l'eco-consumatore, gli eco-agricoltori non possono sopravvivere.

I principi ecologici sono essenziali per affrontare il degrado del suolo. Non c'è bisogno di un'interminabile procrastinazione governativa e di una masticazione scientifica sull'argomento. Le risposte sono chiare e comprovate. Tutto ciò di cui abbiamo bisogno è la volontà di iniziare, di fissare degli obiettivi e di elaborare delle strategie e delle scadenze per raggiungerli. Ma la voce dei consumatori deve essere forte per far sì che l'abitudine all'agricoltura chimica venga abbandonata in massa!

Test sullo stato del suolo

Per iniziare con l'approccio alla coltivazione ecologica, il primo passo consiste nell'esaminare ciò che accade nei nostri terreni e come possiamo equilibrarli e migliorarli. L'analisi di una serie di nutrienti e della loro biodisponibilità è un buon inizio.

Il regime dei fertilizzanti NPK (azoto fosforo potassio) ignora il fatto che gli esseri umani hanno bisogno di almeno venti o trenta altri elementi, anche se in minime tracce, e che le piante crescono meglio quando i nutrienti vengono rilasciati molto lentamente. I fertilizzanti standard tendono ad acidificare i terreni e questo è di per sé sufficiente a bloccare i nutrienti. I terreni diventano pericolosamente squilibrati con il solo NPK e le piante si ammalano e diventano attrattive per i parassiti, che le invadono.

Test del suolo di Albrecht

Un terreno correttamente mineralizzato e bilanciato (in relazione alle nostre esigenze) fa crescere le colture con il massimo della qualità e il minimo dei problemi di parassiti. Decenni fa il dottor W. A. Albrecht e i suoi collaboratori negli Stati Uniti hanno scoperto che un terreno in perfetto equilibrio ha un pH di circa 6,5 e circa l'85% della sua capacità di trattenere la fertilità (C.E.C.) con tre elementi minerali chiave - calcio, magnesio e potassio - nelle proporzioni ottimali del 70%, 12% e 3% rispettivamente.

Questa filosofia è seguita dai Brookside Laboratories, dove molti agricoltori australiani inviano i loro campioni di terreno per l'analisi, che può essere effettuata anche in Australia.

Test del suolo Reams

Un altro tipo di analisi del terreno molto conosciuto è stato messo a punto da Carey Reams, un agronomo Americano che ha sviluppato ulteriormente il lavoro di Albrecht. Reams si rese conto che i test del terreno tradizionali non fornivano un quadro accurato dell'effettivo livello di fertilità del terreno. Il test del suolo Reams è stato sviluppato per far emergere, nei valori del test, le caratteristiche effettivamente osservate sul campo. Con questo test è possibile valutare la compattazione e l'assestamento del suolo, i problemi delle erbe infestanti e dei parassiti, la qualità e la resa delle colture e la stabilità complessiva del suolo e dei nutrienti per le piante.

Anziché limitarsi a indicare i nutrienti presenti nel terreno, come fa il sistema Albrecht, il test del terreno Reams mostra la biodisponibilità di questi nutrienti, utilizzando la soluzione di estrazione Morgan. Questa soluzione contiene acidi organici deboli, che imitano gli acidi rilasciati dalle radici delle piante imitando così il loro modo di dissolvere i nutrienti. [8]

Oltre a fornire un apporto adeguato di ciascun nutriente, Reams ha cercato anche di determinare l'equilibrio proporzionale di un terreno tra:
- fosforo e potassio
- zolfo e azoto
- azoto e calcio
- calcio e magnesio
- magnesio e potassio e sodio.

Reams ha infine stabilito i seguenti livelli di nutrienti, in parti per milione, per un terreno biologicamente attivo e minimamente bilanciato:

Calcio (Ca)	1000-2000ppm
Magnesio (Mg)	145-285ppm
Azoto nitrico (NO3)	20 ppm
Azoto ammoniacale (NO3)	20ppm
Fosforo (P)	88ppm
Potassio (K)	100ppm
Solfato (SO4)	100ppm
Sodio (Na)	20-70ppm
Conducibilità	0.2-0.6 mS/cm

pH	6.2-6.8
ORP	130-260mV
Redox (rH)	25-28
Humus	3%+
Paramagnetica	100cgs+

Entrambi i sistemi di analisi sono accurati nei risultati e sarebbe ideale eseguirli tutti e due sul terreno. Se questo è troppo costoso, potreste provare i metodi di analisi del terreno dei rabdomanti che descrivo più avanti in questo libro.

Componenti essenziali di un terreno sano

Per ottenere un suolo veramente sano, in grado di produrre alimenti contenenti la gamma ottimale di sostanze nutritive necessarie per la nostra salute, dobbiamo adottare un approccio olistico, poiché il suolo è un ecosistema diversificato di grande complessità. Un terreno ideale richiede i seguenti componenti vitali:

- Minerali (facilmente ottenibili dalle polveri di roccia)
- Energie (luce solare, magnetismo e altre radiazioni)
- Materia organica (coltivata in loco o applicata come pacciame o compost)
- Microbi (questi rendono i minerali disponibili per le piante)
- Acqua (più pura ed energetica o naturale è, meglio è)
- Aria (l'ossigeno mantiene i batteri benefici del suolo)

I minerali

Un terreno sano richiede un'ampia gamma di oligoelementi per mantenere un humus benefico, e quanto più fini sono le particelle in cui vengono forniti, tanto più velocemente i microbi possono incorporarli. La polvere di basalto è una delle migliori fonti di minerali, con un'ampia gamma di oligoelementi.

I minerali sono importanti per stabilire le caratteristiche di suscettibilità magnetica e l'humus è importante per consentire al suolo di utilizzare ciò che sta raccogliendo. *"Entrambi i componenti sono necessari per una fertilità ottimale del suolo"*, afferma il dottor Arden Anderson.

Non sorprende che la ricerca abbia rilevato un contenuto di minerali molto più elevato nei prodotti biologici rispetto a quelli prodotti in modo convenzionale. Gli studi riportati nel Journal of Applied Nutrition degli Stati Uniti hanno dimostrato che i livelli medi di minerali essenziali erano molto più alti nelle mele, pere, patate e mais prodotti con metodi biologici, mentre i livelli di mercurio e alluminio erano più bassi. (L'alluminio nell'organismo è associato a problemi come il morbo di Alzheimer). Uno studio australiano ha rilevato livelli più elevati di calcio e magnesio negli alimenti biologici. [9]

Terreni sani e ricchi di minerali producono alimenti sani, che mantengono le persone sane e felici. Questo è stato sostenuto per molti decenni dal movimento per la coltivazione biologica. I seguenti studi, e molti altri, danno un'indicazione di ciò che accade quando non riceviamo abbastanza minerali.

Uno studio del 1992 su settantadue comunità svedesi, riportato nell'European Journal of Heart Disease, ha mostrato i risultati del consumo di acqua mineralizzata. Le città con il più alto livello di minerali nell'acqua avevano la più bassa incidenza di malattie cardiache. [9]

Negli anni '70 è stato condotto uno studio sullo stato minerale dei criminali in una prigione americana. William J. Walsh PhD trovò due modelli distinti tra i detenuti. Il primo era un elevato rapporto rame/zinco, bassi livelli di sodio, potassio e manganese e alti livelli di piombo e cadmio tossici. Queste persone avevano sbalzi d'umore estremi, scarsa risposta allo stress e occasionali comportamenti violenti, sebbene provassero rimorso per le loro malefatte. Il secondo gruppo era caratterizzato da livelli molto bassi di rame, sodio e potassio molto elevati, come anche piombo, ferro e cadmio, oltre a bassi livelli di zinco. Queste persone erano spesso molto violente e crudeli, bugiarde patologiche, affascinate dal fuoco (quanti piromani sono squilibrati dal punto di vista nutrizionale, mi chiedo?) e non avevano alcun rimorso o coscienza per le loro malefatte.

Il Centro per il Controllo delle Malattie afferma che un terzo degli americani è malato cronico, ma sessant'anni fa poteva essere solo il 5-10%. In questi sessant'anni i terreni hanno perso molto vigore, da quando le sostanze chimiche hanno sostituito i rifiuti naturali compostati come fertilizzanti.

I 20 minerali essenziali per l'uomo, elencati in ordine dalla maggiore alla minore necessità, sono: azoto, fosforo, potassio, calcio, magnesio, zolfo, ferro, zinco, rame, manganese, boro, molibdeno, cloro, sodio, cobalto, vanadio, silicio, iodio, selenio, e cromo.

La polvere di basalto può fornire un'ampia gamma di minerali per la rimineralizzazione del suolo ed è facilmente reperibile presso le cave e i fornitori di prodotti per la cura del paesaggio. Ma sappiate che non tutte le fonti non sono altrettanto valide. È consigliabile farsi fornire un'analisi dei minerali, che ogni cava dovrebbe avere. Per esempio, una polvere di basalto testata da coltivatori biologici nel nord del NSW conteneva lo 0,4% di fosforo, l'1,4% di potassio, il 9% di calcio e il 7,5% di magnesio. Per migliorare il terreno con questa polvere si potrebbe aumentare il livello di calcio aggiungendo dolomite o calce, per un equilibrio ottimale di Ca:Mg di 3 - 7:1, a seconda della scuola di pensiero seguita e dei livelli esistenti nel terreno.[10]

L'energia

La luce solare è l'energia utilizzata per alimentare la fotosintesi delle piante. È per questo che le stagioni e la lunghezza del giorno dettano i tempi e le modalità di piantagione. Ciò che non è così noto è che il sole e la luna forniscono un flusso costante di monopoli magnetici attraverso l'atmosfera, che vengono sfruttati anche dalle piante. Gli antichi Egizi erano probabilmente a conoscenza di queste sottili forze vitalizzanti. Avevano un geroglifico Ta Mari che significa "*la terra è il magnete del sole*" o "*la terra è l'attrattore dell'energia celeste*". [11]

Esistono anche altre energie naturali più sottili che non si vedono. Il professor Callahan, in America, ha scoperto una fonte di energia per le piante proveniente dai deboli raggi luminosi emessi dai minerali e utilizzati dalla pianta attraverso le radici. Sebbene siano noti gli effetti benefici sulle piante derivanti dall'applicazione del magnetismo, Callahan è stato il primo ad associare il paramagnetismo a una maggiore crescita delle piante.

Il magnetismo

Studi pionieristici condotti da scienziati russi hanno dimostrato i potenti effetti del magnetismo applicato alla crescita delle piante. Gli effetti del magnetismo sono stati ben documentati negli ultimi decenni, ma prima di allora il concetto non godeva di credibilità ufficiale, nonostante le prove tradizionali e aneddotiche.

Le piante esposte ai campi magnetici godono di un aumento dei tassi di crescita e della produzione di zuccheri e oli, di una germinazione più rapida dei semi, ecc. Tuttavia, questo effetto è legato solo al magnetismo del polo sud, con la sua energia yang (stimolante). Quando si è esposti all'energia del polo nord (yin, calmante), la crescita di piante e animali si arresta e le funzioni biologiche si riducono.

Una tecnica utilizza i magneti per polarizzare i semi e migliorare la germinazione; le piante vengono poi irrigate con acqua magnetizzata. Gli scienziati sovietici del Volga Research Institute of Hydraulic Engineering and Land Reclamation hanno riferito che l'acqua magnetizzata aumenta la resa di pomodori e cetrioli fino al 37%. Il dottor Nikolai Yakovlev, vicedirettore, sostiene di aver dimostrato scientificamente che l'acqua magnetizzata aumenta l'attività microbiologica del suolo, facilitando l'assorbimento delle sostanze nutritive da parte delle piante e aumentando così la resa.

Per verificare di persona questo aspetto, è stato suggerito di utilizzare un forte magnete a ferro di cavallo, circa 1.500 gauss, e un tubo flessibile che spinga l'acqua ordinaria tra i due poli del magnete a una velocità di un metro al secondo circa, prima che raggiunga la pianta. Su piccola scala si può semplicemente magnetizzare una brocca d'acqua, posizionando il polo yang del magnete in alto sotto la brocca e lasciandolo per una notte, per poi innaffiare le piante in vaso con l'acqua magnetizzata.

Non lasciatevi confondere dalle etichette dei poli nord e sud, che nell'emisfero settentrionale sono opposti a quelli meridionali. Per verificare il polo magnetico corretto si può ricorrere alla rabdomanzia.

Paramagnetismo
Importante fonte di energia naturale, il paramagnetismo è un favoloso stimolante del terreno, come ha scoperto il professor Phil Callahan. Il paramagnetismo è definito come la debole attrazione verso un magnete. Nel terreno è una misura della capacità del suolo di attrarre e trattenere energia. Il paramagnetismo è più sottile del ferromagnetismo, che prevede la presenza di ferro, nichel o cobalto. A differenza delle sostanze ferromagnetiche, il materiale paramagnetico non può essere magnetizzato.

"Si ritiene che il materiale paramagnetico, quando incontra un campo di energia, alteri lo spin delle sue molecole in modo da allinearsi temporaneamente con quel campo, cioè da assumere un aumento di energia. Questa energia può essere trasferita al suolo, alle piante e agli animali nelle vicinanze", spiega Gary de Piazzi, che ha studiato il suolo e il paramagnetismo per diversi anni a Perth (e ora è in pensione). *"La forza opposta al paramagnetismo è il diamagnetismo. Si ha quando un materiale non magnetico viene respinto da un magnete, cioè le sue molecole alterano il loro spin in modo da creare un campo elettrostatico che viene respinto da un magnete"*.

L'energia paramagnetica è stata descritta come un vortice orario verso l'alto, mentre il diamagnetismo ha un vortice antiorario verso il basso. L'interazione dinamica tra paramagnetismo e diamagnetismo (yin e yang) induce effetti energetici oscillanti nel terreno.

Il sole emette dipoli magneto-elettrici che, grazie all'attività del sunflair, si dividono in monopoli magneto-elettrici liberi di polarità nord (negativa, yin) e sud (positiva, yang). Questi viaggiano verso la Terra, dove i monopoli positivi vengono assorbiti e immagazzinati dalla pietra paramagnetica, dal suolo e dalle antenne paramagnetiche (torri elettriche); mentre i monopoli negativi vengono assorbiti dalle piante, e alcuni di essi fuoriescono dal suolo per combinarsi con i monopoli positivi, contribuendo così a stimolare la crescita delle piante.

Il Prof. Callahan a Australia, 1993.

La capacità di captare e rilasciare magnetismo dalle rocce paramagnetiche sono potenziate se le stesse hanno spigoli vivi simili a quelli di un'antenna, spiega Callahan.

Quando l'acqua diamagnetica viene influenzata dalla polvere di roccia paramagnetica, si 'ristruttura', cioè le sue molecole si riallineano, riducendo in modo significativo la tensione superficiale e consentendo un migliore assorbimento da parte delle piante. Il fabbisogno idrico può essere notevolmente ridotto grazie a questa 'acqua energizzata', e questa è una buona notizia per le fonti idriche del pianeta, che sono troppo sollecitate.

Le osservazioni globali di Callahan
Callahan ha determinato che tutti i terreni agricoli fertili sono sia altamente paramagnetici che diamagnetici. Per esempio, la rinomata regione vinicola di Coonwarra, nell'Australia Meridionale, potrebbe essersi guadagnata la sua

reputazione grazie alla presenza di una fascia sottostante di calcare (diamagnetico), cui si sovrappone un terreno paramagnetico derivato dal basalto.

Il basalto è una roccia magmatica, derivata dai vulcani, costituita da una miscela di decine di minerali diversi, unica per ogni fonte. Il nome comune è 'bluestone' o 'blue metal', volgarmente basalto frantumato, usato per la ghiaia stradale. La 'polvere di metallo blu' si riferisce al sottoprodotto della frantumazione della ghiaia e fornisce una grande ricchezza di minerali se aggiunta al terreno.

Callahan ha dedotto che i dolmen megalitici europei, fatti di pietra paramagnetica, hanno effettivamente influenzato l'agricoltura ordinando le linee di flusso (energia terrestre) che stimolano la crescita di piante e semi.

(In un interessante parallelo in Irlanda, per energizzare i semi prima di piantarli, mi ha raccontato il radiestesista Billy Gawn, un vecchio contadino di sua conoscenza poneva i semi per una notte su un'antica pietra bullaun, un megalite reclinato con piccole cavità al suo interno, in un antico sito sacro della sua fattoria).

Callahan ha scoperto che i materiali paramagnetici, come quelli utilizzati per le pietre erette, i cerchi di pietra e le torri rotonde irlandesi, hanno la capacità di piegare e quindi focalizzare il campo magnetico locale, oltre a fungere da antenne per altre energie biologiche come le onde di Schumann e le onde radio a bassissima frequenza generate dai fulmini. Ha scoperto che gli irlandesi già da tempo avevano notato la tendenza del loro bestiame e delle loro pecore a radunarsi intorno a queste antiche strutture di pietra.

Callahan aveva anche iniziato a notare che tutte le aree politicamente agitate del mondo, dove le guerre e le uccisioni erano all'ordine del giorno, erano luoghi in cui il campo magnetico terrestre non era condotto al suolo. Affascinato da questa possibile connessione, iniziò a viaggiare in tutto il mondo per verificare la sua ipotesi e si avventurò in Amazzonia, un'area ancora libera dagli effetti delle radiazioni elettromagnetiche artificiali, per indagare se fossero solo le strutture umane e la gestione poco accorta del territorio a determinare una bassa suscettibilità al flusso magnetico nel suolo. Nel delta del fiume, dove il suolo era profondo e paramagnetico, trovò sempre indigeni amichevoli e tranquilli.

Risalendo la corrente e risalendo la campagna, la crescita era ancora rigogliosa, anche se non c'era quasi più terriccio, ma solo una rete di radici nel terreno rado. Lì ha rilevato solo una penetrazione magnetica molto scarsa e una bassa intensità del flusso magnetico terrestre.

In questa regione dimoravano cacciatori di teste molto ostili! La conclusione preliminare di Callahan è che laddove i campi magnetici non riescono a penetrare nella Terra, il risultato è la disgregazione culturale. [12]

Callahan ha anche trovato una correlazione tra rocce paramagnetiche e siti sacri in tutto il mondo. Durante una visita in Australia, un aborigeno gli disse che Uluru (Ayers Rock) era un luogo di incontro speciale, ma che esisteva un sito sacro più importante a circa 50 km di distanza. In seguito analizzò la roccia in entrambi i luoghi. La roccia di Uluru era molto bassa, solo 30 o 40 cgs, mentre nell'altro sito sacro era molto forte, circa 5000 cgs.

Il livello di suscettibilità magnetica di un'area può dare quindi un'indicazione del temperamento dei nativi. In Irlanda, l'esuberante Belfast si trova su un basalto paramagnetico, mentre la rilassata Dublino ha sotto di sé un calcare diamagnetico. In Australia, Perth, con la sua pianura costiera di sabbia e calcare, è sempre tranquilla e un po' sonnolenta, mentre Melbourne, situata in una vasta regione vulcanica, è nota per la sua vivace vita culturale.

Anche le persone sono antenne in grado di catturare monopoli magnetoelettrici positivi. I 'guaritori magnetici' del mondo, come li chiama Callahan, hanno una buona capacità di accogliere e rilasciare queste cariche.

Misurare il paramagnetismo

Gary de Piazzi spiega così il meccanismo del paramagnetismo, cioè la capacità di un materiale non magnetico, se posto in prossimità di un magnete, di essere attratto verso quest'ultimo:

"Il grado di movimento in un secondo è la grandezza del paramagnetismo posseduto da quel materiale. Si esprime in centimetri, grammi al secondo (cgs). In molti casi questo movimento è estremamente piccolo, ad esempio l'alluminio ha un valore di +16,5 (tutte queste cifre sono x10 -6), che si traduce in un grammo di alluminio che si muove di 0,0000165 centimetri verso un magnete in 1 secondo". In generale, una lettura di 0-100 cgs è considerata scarsa, 100-300 è buona, 300-700 è molto buona e 700-1.200 è ottima. Conoscere il tasso paramagnetico della polvere di terra e di roccia aiuta a determinare la quantità di polvere da aggiungere. Più alto è il cgs di un terreno,

meno polvere di roccia è necessario aggiungervi. Di solito si aggiunge polvere sino ad arrivare ad almeno 1.000 cgs.

Si può osservare una calamita sospesa su una corda che oscilla dolcemente verso la polvere di roccia da testarne per il paramagnetismo. Si può anche ricorrere alla rabdomanzia.

Si possono fare confronti tra rocce attraverso specifiche misurazioni ad esempio con il PCSM (Philip Callahan Soil Meter). (Nota: ora nel 2022 la maggior parte di queste cave sono state chiuse).

La polvere di roccia basaltica con il punteggio più alto proviene dal magma più profondo e più caldo. Questo fuoriesce dal vulcano e scende, energizzato dall'ossigeno, verso la cima del cono vulcanico e le alture. Le rocce più altamente paramagnetiche si trovano sempre in alto, mentre le rocce meno energetiche si trovano in basso.

Questa situazione può invertirsi, con la diminuzione progressiva della forza paramagnetica nel tempo, soprattutto quando la roccia è nuda ed esposta agli elementi. Callahan ha osservato ad esempio una cima di granito esposta e ben conservata che misurava solo 30-40 cg. Intorno alla sua base, in una posizione riparata, il granito misurava 2.000 cgs.

Anche le pratiche agricole moderne accelerano la diminuzione progressiva dell'energia nel suolo, eliminando i minerali, la materia organica e la vita del suolo, sostituendoli con la soluzione rapida di prodotti chimici. Gli attrezzi agricoli in ferro hanno un effetto disidratante sul suolo, come ha scoperto il mago dell'acqua Austriaco Viktor Schauberger, poichè le energie sottili sono influenzate anche dai metalli. Il rame va bene, invece, e in Europa ci sono aziende che producono attrezzi da giardino rivestiti di rame. Anche i bastoni da scavo in legno sono una buona idea se si vuole mantenere l'armonia con le energie del giardino.

Indurre il paramagnetismo
L'aumento del paramagnetismo può fare la differenza tra un terreno produttivo e uno morto, anche quando i livelli di nutrienti sono sufficienti. L'aggiunta di materiale paramagnetico può dare il via ai processi di ricostruzione del terreno ed è consigliata anche quando il terreno è intrinsecamente paramagnetico. Per esempio, nella regione di Blackbutt, nel Queensland, si dice che i terreni abbiano un paramagnetismo straordinariamente alto, da 3.000 a circa 10.000

cgs. Ma con l'aggiunta di polvere di roccia basaltica paramagnetica appena frantumata, anche questi terreni sono stati notevolmente migliorati.

Il paramagnetismo può essere indotto nei terreni con la semplice aggiunta di compost. Un terreno valutato a 30 cgs è stato portato a 70 cgs in questo modo. Come osserva il ricercatore americano Malcolm Beck: *"La roccia paramagnetica e il compost si completano a vicenda. Funzionano anche da sole, ma ho scoperto che ciascuna funziona molto meglio se usata insieme all'altra"*.

I cerchi di pietre paramagnetiche e le pacciamature di roccia intorno agli alberi possono apportare benefici energetici, così come le Torri del Potere (Antenne Paramagnetiche) animano il paesaggio con campi energetici che inducono la fertilità.

Malcolm Beck ha scoperto che il suolo o la roccia riscaldati o bruciati presentano livelli elevati di paramagnetismo. L'argilla è spesso paramagnetica e l'argilla bruciata lo è ancora di più. Non c'è da stupirsi, quindi, che le piante in vasi di terracotta abbiano risultati migliori rispetto a quelle in vasi di plastica!

Anche l'ossigeno è un ottimo stimolante del terreno perché è altamente paramagnetico, a circa 4.000 cgs. (Non c'è da stupirsi che l'antica tradizione indiana parli del potere pranico dell'aria e dei benefici degli esercizi di respirazione, chiamati pranayama). Il paramagnetismo del suolo è stato aumentato fino al 700% semplicemente correggendo il rapporto calcio/magnesio e aumentando i livelli di ossigeno con la rimozione profonda del terreno compattato.

Il terreno compattato inibisce la crescita delle piante non solo perché le radici e l'acqua hanno più difficoltà a penetrare, ma anche perché l'aria non è presente. Una buona struttura del terreno, con abbondanza di cunicoli creati dai lombrichi, permette all'aria di circolare ed è segno di un terreno sano e fertile. Alla luce delle nostre conoscenze energetiche sull'ossigeno, non c'è da stupirsi che i terreni duri e compattati siano stati notevolmente ringiovaniti da un regime a breve termine di vangatura profonda, prima dell'inizio della coltivazione.

Querce paramagnetiche

Callahan ha sottolineato che tutte le piante sono diamagnetiche, l'opposto polare dei minerali paramagnetici. Ma ci sono delle eccezioni. La quercia è più paramagnetica. Anche il suo tronco è percorso da forti correnti elettriche. È una centrale energetica!

Molto apprezzata per il suo legno duro, le foglie sono un'ottima aggiunta ai cumuli di compost. Un tempo le ghiande erano un alimento per gli uomini e per i maiali. Non c'è da stupirsi che la quercia fosse così leggendaria in tutta Europa e oltre.

Le querce erano sacre a divinità potenti come Thor/Taranis e associate al fulmine. Si diceva che fossero protettive contro i fulmini, perché 'corteggiavano il lampo'.

In effetti, i fulmini colpiscono spesso le querce, che sono note per concentrare il ferro nel loro legno e inviare le loro radici nell'acqua sotterranea. (Non riparatevi sotto una di esse durante un temporale!).

Nel mito di Giasone e degli Argonauti, per la prua della barca veniva utilizzato un pezzo speciale di legno di quercia. Si diceva che avesse poteri oracolari, un ricordo dell'antica venerazione per gli alberi. Fino a un secolo fa, le persone si sposavano sotto speciali alberi di quercia, come a Brampton, in Cumbria, Regno Unito, secondo un'usanza che risale ai tempi dei Celti. In Europa c'erano molte 'querce da matrimonio' e persino 'querce del Vangelo' nell'era cristiana.[13]

Provate a stare sotto una vecchia quercia e a pensare a tutta quella meravigliosa energia paramagnetica che vi accende mentre respirate lentamente e profondamente. Non c'è da stupirsi che siano sempre state associate alla forza e alla resistenza!

Luce dalle rocce

Callahan ha scoperto che le rocce paramagnetiche emettono luce, a circa 2.000-4.000 fotoni. Se questa roccia viene aggiunta al compost, le emissioni totali possono salire a 400.000 fotoni. Si tratta di luce che le radici delle piante possono assorbire, poiché "*le radici delle piante sono guide d'onda, proprio come le antenne degli insetti*", ha spiegato Callahan, esperto di antenne di insetti.

Radiazione infrarossa

Le piante emettono raggi infrarossi, ha scoperto Callahan, che possono amplificare le molecole di profumo. Le piante malate emettono concentrazioni più elevate di segnali infrarossi di etanolo e ammoniaca rispetto a quelle sane. Quelle sane, invece, coltivate su un buon terreno mineralizzato, irradiano le energie protettive a microonde infrarosse dei minerali vitalizzanti.

Gli insetti usano le loro antenne per individuare la fonte delle molecole odorose e possono distinguere una pianta sana da una non sana in base alla sua impronta a infrarossi. In questo modo gli insetti sono attratti dalle piante carenti dal punto di vista nutrizionale, che si trovano in uno stato di debolezza e sono pronte per essere attaccate. Gli insetti non fanno altro che ripulire la spazzatura.[14]

Materia organica

In un terreno ideale, il livello di materia organica è di circa il 10% o più. Quanto più nero è il colore del terreno, tanto più alto è il livello di materia organica. Oggi il contenuto medio di materia organica nei terreni agricoli è solo del 3% circa.

La migliore fonte di sostanza organica è quella coltivata in situ: il 'sovescio', o coltura di copertura. Idealmente questa coltura ha la capacità di fissare l'azoto dall'atmosfera. Il trifoglio e altre piante della famiglia delle leguminose azotofissatrici sono ideali. Le colture di copertura forniscono inoltre al suolo acido umico e fulvico.

Tuttavia, l'azoto non viene fornito liberamente al suolo e le colture di copertura devono essere tagliate, prima della semina, per rilasciare i nutrienti. Le leguminose dovrebbero ricevere un inoculo iniziale con batteri micorrizici delle radici, per massimizzare la capacità di fissare l'azoto.

Il compost e la pacciamatura costituiscono un'altra favolosa fonte di materia organica per i microbi, essendo il compost già pre-digerito. I migliori compost che preparo sono cosparsi di polvere di basalto, che permette ai minerali della roccia di essere pre-digeriti dalla microflora e dalla fauna.

I microbi

Una vasta gamma di microbi è una componente vitale del suolo vivo. L'agricoltura convenzionale distrugge i microrganismi benefici e spesso aumenta quelli patogeni. Ecco perché il suolo di molte aziende agricole intensive può essere considerato morto.

I microrganismi sono gli alchimisti che trasformano le polveri di roccia insolubili in minerali solubili, pronti per essere assorbiti dalle radici delle piante. Lo fanno producendo deboli soluzioni di acidi digestivi che li aiutano a rilasciare nutrienti minerali ionici e colloidali, vitali per il complesso di humus del suolo e fonte principale di energia per le piante. I microrganismi aerano anche il terreno, contribuendo a creare un ambiente aerobico benefico, ricco di ossigeno paramagnetico, che favorisce la salute.

Gli inoculanti microbici, anche se utilizzati in minime quantità, possono aumentare rapidamente i livelli microbici di dieci volte, come hanno rilevato alcuni studi. Il compost è una forma di inoculante. A condizione che sia ben fatto, con un'ampia gamma di ingredienti, è un modo ideale per aggiungere microrganismi al terreno. Il compost riduce la necessità di applicare azoto e ne migliora l'efficienza, grazie a livelli equilibrati di nutrienti. Inoltre, fornisce il nutrimento per i microbi che sono in grado di fissare grandi quantità di azoto dall'atmosfera. Anche gli spray organici fermentati possono essere preparati per fornire una buona fonte di inoculo microbico.

Gli stimolanti microbici sono disponibili sul mercato, oppure si possono sempre preparare da soli. Gli agricoltori biodinamici utilizzano da decenni con successo i loro 'preparati' (BD), che sono ottimi per l'inoculazione microbica, in particolare il preparato 500, a base di letame di mucca fermentato.

"Non è necessario aggiungere inoculanti microbici, anche se è utile", afferma il dottor Arden Anderson. *"Probabilmente non sarà necessario se spruzzerete pesce liquido, alghe (meglio solo sulle foglie), acido umico, compost, zucchero o melassa. La melassa va bene con il calcio liquido, ma non nei terreni ad alto contenuto di ferro e non si dovrebbero applicare più di dieci litri (due galloni) per acro (mezzo ettaro)"*, dice.

Kevin Heitman, agricoltore di grano su larga scala e rabdomante dell'Australia occidentale, ha sperimentato modi per migliorare le sue colture negli ultimi trent'anni, come ha riportato un giornale locale nel 1999. Ha ottenuto grandi successi con semplici inoculanti microbici e con il magnetismo. Ha iniziato magnetizzando il grano per vedere se sarebbe cresciuto più velocemente. Il risultato è stato positivo e la resa è migliorata. In seguito Heitman ha selezionato del terreno da parti della sua enorme azienda agricola che avevano registrato una crescita eccezionale. Lo fece fermentare con farina e farina

Una compostiera biodinamica.

di pesce e poi spruzzò la miscela fermentata sul resto della fattoria. Il risultato è stato un grande aumento della resa e della qualità. Ora magnetizza anche l'acqua che usa per le colture. Nel 1998 Heitman ha vinto il Top Crop Award del W.A. per la maggiore resa e la migliore qualità del grano con le minori precipitazioni.

Fare il compost

L'arte di fare il compost deriva dall'osservazione che i ricchi terreni forestali sono ricchi di humus, derivato dalla decomposizione di foglie ricche di minerali e da diverse forme di vita del suolo, e che questo viene costantemente alimentato dalla caduta di materiale organico. I terreni sono mantenuti freschi e umidi da questo strato superficiale di pacciame isolante. Le particelle colloidali di humus trattengono molto bene l'acqua, mantenendo i microrganismi e le piante umide e ben nutrite. Imitiamo il processo in un cumulo di compost e, se riusciamo, creiamo il miglior ammendante del suolo che esista. Strati sottili e alternati di materiale ricco di azoto e di materiale povero di azoto vengono sparsi sul cumulo, che idealmente ha una dimensione minima di un metro cubo (una iarda cubica) una volta terminato. I microbi che si occupano della decomposizione preferiscono un rapporto di circa 25-30:1 tra il carbonio e il materiale ricco di azoto. Pertanto, gli strati poveri di azoto devono sempre essere più spessi di quelli ricchi. (Gli spazzamenti delle stalle dei cavalli contengono circa il giusto rapporto C:N, ma fate attenzione che i cavalli non siano stati appena sverminati, altrimenti potreste uccidere anche i vermi del compost).

Gli strati ricchi possono essere costituiti da erba fresca tagliata, letame o scarti di cucina, mentre gli strati poveri possono includere paglia, erbacce, foglie vecchie, erba secca, ecc. Assicuratevi che tutto venga bagnato a fondo quando viene messo sul cumulo, per mantenere un livello di umidità del 60% circa. (Fate attenzione alle radici degli alberi, in particolare degli eucalipti, che cercano e sottraggono umidità e sostanze nutritive al cumulo. Potrebbe essere necessario porre una barriera per le radici sotto il cumulo).

Tra gli strati di materiali organici cospargete diversi chili di polvere di roccia paramagnetica (fino al 10% del cumulo). Se gli ingredienti sono troppo acidi e hanno un odore aspro, questo può addolcirli, aumentando il pH. Aggiungete anche spruzzi di terriccio migliore o di vecchio compost finito per fornire una fonte pronta di microrganismi. Anche le foglie di consolida e di ortica, così come molte altre erbe, sono ottimi attivatori del compost. Più varietà c'è, meglio è!

Mantenete il cumulo di compost umido e aerato. Per proteggerla dalle intemperie, metteteci sopra una copertura di pacciame, sottofondo o tappeto (ma non usate materiali artificiali se sentite odori chimici). Girate il cumulo dopo qualche settimana, quando il calore generato è diminuito, per assicurarvi che tutte le parti siano state ben compostate.

Se la compostiera era troppo asciutta per funzionare correttamente, bagnatela dopo averla mescolata e lasciatela maturare per riprovare se funziona. Se era troppo umido e maleodorante, preparate un nuovo cumulo con ingredienti più secchi mescolati al cumulo maleodorante e riprovate.

Se volete aggiungere i vermi del compost, fatelo dopo la fine della fase calda iniziale, altrimenti saranno cotti! Dopo un paio di mesi il compost dovrebbe essere pronto per essere utilizzato. Se è ancora un po' caldo, sarà molto ricco di sostanze nutritive.

I migliori benefici del compost si ottengono quando viene semplicemente sparso sopra il terriccio. I lombrichi si occuperanno di mescolarlo in profondità. Coprite sempre lo strato di compost con uno strato protettivo di pacciamatura, per evitare che le sostanze nutritive si disperdano o si secchino e per far felici i vermi.

Quando utilizzate il compost finito, non seppellitelo in fondo alla buca di un albero. Infatti, se viene utilizzato in profondità nel sottosuolo, il compost può emettere idrogeno solforato, tossico per le radici delle piante. Non mettetelo nemmeno troppo vicino ai tronchi degli alberi o ai fusti delle piante, per non rischiare il marciume del colletto. Gli antibiotici naturali presenti nel compost riducono notevolmente gli agenti patogeni delle piante quando viene usato correttamente e quindi il compost migliora notevolmente i tassi di sopravvivenza delle piante, oltre a migliorare i livelli di nutrienti.

Un buon terriccio può essere realizzato praticamente a costo zero mescolando il compost (privato dei grumi) con sabbia di fiume grossolana in rapporto di circa 1:1. Sino a un massimo di 1:1,5. A questo si può aggiungere fino al 10% di polvere di roccia paramagnetica, per migliorare la crescita e il drenaggio. Un ottimo fertilizzante generale per le piante si ottiene mettendo a bagno il compost con lombrichi e diluendo in acqua a circa 1:10, per poi spruzzarli sul terreno. Alcuni hanno riscontrato che questo è uno stimolante microbico efficace come il prodotto '500' usato in biodinamica.

La produzione di compost è un'arte entusiasmante di alchimia da cortile. Immaginate di creare un prezioso inoculante microbico per il suolo a partire da prodotti di scarto! È un'esperienza molto stimolante. Ogni manciata di compost ben fatto è piena di miliardi di microrganismi pronti ad aggiungere vita al terreno della vostra fattoria o del vostro giardino.

Inoculanti tradizionali Giapponesi

Douglas Graham, nel sud-ovest del New South Wales, mi ha gentilmente fornito la ricetta di un inoculante microbico per il terreno che gli agricoltori giapponesi preparano da migliaia di anni. Utilizza materiali facilmente reperibili che vengono appositamente fermentati, poi diluiti e spruzzati sul terreno o sulle piante.

Bokushi (pronunciato Bok-ush-ee)

- Crusca di qualsiasi tipo - 10 litri
- Farina di semi oleosi di qualsiasi tipo - 5 litri
- Farina di pesce - 2,5 litri
- Sangue e ossa - 2.5 litri
- Il vostro miglior terriccio - 2,5 litri
- Acqua non clorata - circa 2 litri
- Melassa - 20 ml
- Compost ben maturo o colate di vermi - 20 ml

In un contenitore da 20 litri mescolate accuratamente gli ingredienti secchi, quindi aggiungete l'acqua e la melassa e mescolate accuratamente fino a ottenere un impasto friabile. Mettere il tutto in un sacco della spazzatura e legarlo in modo da escludere il più possibile l'aria. Lasciate fermentare per cinque-sette giorni. Quando sarà pronto avrà un odore agrodolce e potrà essere usato per fare un attivatore del terreno chiamato Ekihi. La miscela si conserva per diversi mesi, a patto che si tenga fuori l'aria e all'ombra. L'Ekihi (pronunciato Ek-a-hee) è la seconda fase della preparazione dell'attivatore del terreno.

Ekihi

- Acqua - circa 130 litri
- Bokushi - 6,5 litri
- Acqua di mare - 6,5 litri
- Melassa - 6,5 litri
- Erba fresca tagliata - 130 litri
  (preferibilmente con la rugiada sopra)

In un bidone da 200 litri costruire strati di erba e Bokushi, quando sono a metà versare acqua di mare e melassa. Riempire quindi d'acqua fino all'orlo e chiudere ermeticamente per evitare l'ingresso di aria. Lasciatevelo per tre giorni e mescolate la miscela ogni giorno per i successivi cinque-sette giorni, fino a quando non ci saranno più bolle d'aria, quindi scolate il liquido. È possibile riutilizzare l'erba per altre due o tre volte, basta aggiungere nuovamente gli altri ingredienti. Conservare il liquido in contenitori sigillati, riempiendoli fino all'orlo, in modo da evitare la presenza di aria.

Per utilizzare l'Ekihi, mescolare una parte di liquido a 100 parti di acqua. Sperimentate diversi rapporti per vedere qual è il migliore. Spruzzate il liquido sul terreno o sulle piante la sera, preferibilmente dopo la pioggia, perché i microbi hanno bisogno di umidità per moltiplicarsi. Usate l'Ekihi solo quando vi sentite positivi, perché i pensieri negativi possono ostacolarne l'efficacia.

Riepilogo sulla coltivazione energetica

I requisiti di un terreno fertile, ideale per la coltivazione di alimenti ricchi di sostanze nutritive, possono essere soddisfatti facendo semplici osservazioni e aggiungendo poi input a basso costo. Innanzitutto, che tipo di terreno avete? Qual'è il suo stato minerale?

I terreni vulcanici sono i migliori; i terreni granitici e argillosi possono essere buoni; ma i terreni sabbiosi, pur essendo ben drenanti, possono essere poveri di minerali. L'osservazione dei tipi di erbe infestanti presenti può fornire indicazioni sulla fertilità o sull'acidità del suolo. Anche la rabdomanzia con un campione di terreno e un elenco dei requisiti del suolo può essere molto utile.

Prima dell'inizio della piantagione, l'ideale sarebbe vangare il terreno in profondità, come parte dei lavori di sterro iniziali, con una serie di trattamenti di vangatura profonda nei primi anni, per contrastare la compattazione e consentire l'ingresso di ossigeno nel terreno.

Iniziate a costruire il terreno e lasciate che le trasmutazioni biologiche naturali entrino in funzione! Per rimineralizzare il terreno, sperimentate la diffusione di polvere di roccia paramagnetica (di diverse varietà, se riuscite a procurarvela) a circa 1 chilo al metro quadro o fino a 10 tonnellate per ettaro.

Un confronto tra i test del terreno e le analisi dei minerali della roccia può essere utilizzato per calcolare le quantità adatte su larga scala. Si può anche ricorrere alla rabdomanzia per trovare le quantità adeguate. Lasciare aree non trattate come appezzamenti di controllo per il confronto.

Per rimineralizzare e fertilizzare piccole aree senza doverle scavare, l'ideale è spargere la polvere di basalto sul terreno come parte di uno strato di pacciamatura generale che di solito comprende compost maturo e una copertura di paglia. I microrganismi presenti nel compost ben fatto generano azoto e favoriscono l'humus (miglioramento della struttura del suolo), agendo al contempo come pozzi di gas serra. Lavorando in sinergia con la materia organica, i minerali e l'umidità, permettono alla natura di ristabilire la salute e l'equilibrio del suolo.

Per le aree più estese, la polvere di roccia può essere sparsa con una macchina e può essere integrata da irrorazioni biodinamiche e microbiche (come la colata liquida di vermi e il 'tè' di compost), oltre a colture di copertura di piante azotate che vengono rivoltate nel terreno, per una super fertilità naturale. Le colture di copertura con sovescio forniscono azoto e materia organica per integrare i minerali della polvere di roccia. Spargete la polvere di roccia sulla superficie del terreno prima o subito dopo aver tagliato le colture di copertura, possibilmente con l'aggiunta dei semi della coltura di copertura successiva. Presto i terreni morti torneranno in vita e saranno pronti per la semina. A quel punto potrete assistere all'esplosione vegetativa!

Riferimenti

1 - Farrelly E, *Danger lies on the GM food road*, Sydney Morning Herald, 10/2/11.
2 - Miller, Crow, *Synthetics in Agriculture*, Acres USA, Nov 2000.
3 - Hogarth, Murray, *PM Warned of Threat to River*, Sydney Morning Herald, 14/12/98.
4 - Peavey PhD, W. & Peary, W., *Super Nutrition Farming*, Avery, USA, 1993.
5 - http://articles.mercola.com/sites/articles/archive/2011/02/02/monsantos- roundup-linked-to-over-40-different-plant-diseases-and-endangers-human-hea lth.aspx
6 - Steingraber, Sandra, *Living Downstream*, Addison-Wesley, USA.
7 - de Piazzi, Gary, in *Geomantica* magazine no. 3. www.geomantica.com
8 - Martens, Mary Howell R., *Nutritional Quality: Organic Food versus Conventional*, Acres USA, novembre 2000.
9 - Rivista *Remineralize the Earth*, USA, autunno 1998, n. 12-13.
10 - *Organic Info*, Tweed-Richmond Organic Producers Organisation, 1995.
11 - Lawlor, Robert, *Voices of the First Day - Awakening in the Aboriginal Dreamtime*, Inner Traditions, USA, 1991.
12 - Newsletter del Natural Resonance Study Group, febbraio 1999.
13 - Pennick, Nigel, *Earth Harmony*, Century Paperbacks, Regno Unito, 1987.
14 - Callahan, Professor Phil, *Paramagnetismo*, Acres USA, 1995.

Capitolo 1.2 La polvere di roccia può salvare i nostri terreni

Calce, dolomite e gesso sono comunemente utilizzati come additivi per il suolo. Sono tutti tipi di roccia frantumata. Quando si parla di "polvere di roccia" di solito ci si riferisce al sottoprodotto dell'estrazione, alla fine polvere di risulta dalla frantumazione della roccia. Il basalto, una delle rocce più dure frantumate, è molto apprezzato per la produzione di ghiaia. I paesaggisti lo usano per le pavimentazioni e i costruttori lo mescolano al cemento. Più di recente è emersa la sua importanza per l'ambiente e per l'umanità.

Più di cento anni fa Julius Hensel scrisse un libro intitolato Bread from Stones (Pane dalle pietre) che spiegava come la roccia frantumata potesse migliorare la fertilità del suolo. La sua scoperta fu ripresa molto più tardi, all'inizio degli anni '80, da John Hamaker e Don Weaver. Essi sostenevano che l'imminente cambiamento climatico, unito alla prossima era glaciale, poteva essere mitigato da una remineralizzazione del suolo su larga scala e dalla riforestazione, per fornire un serbatoio vegetale di anidride carbonica. Il loro libro Survival of Civilisation è stato una pietra miliare, mentre i loro avvertimenti sull'imminente instabilità climatica si sono avverati.

La demineralizzazione avviene rapidamente nei terreni coltivati in modo intensivo e in quelli tropicali. La roccia frantumata, in particolare il basalto, può invertire questo processo, restituendo vita al suolo grazie all'aggiunta di una miriade di minerali e oligoelementi che alimentano i microrganismi e, con una quantità sufficiente di materia organica, aiutano a ricostruire rapidamente il terriccio.

"Solo con la rimineralizzazione", ha detto Hamaker, *"i microrganismi del suolo possono ottenere i nutrienti di cui hanno bisogno per crescere, riprodursi e produrre l'humus colloidale stabile, vitale per le piante, gli animali e gli esseri umani, come facevano anticamente, prima che demineralizzassimo la Terra".*

Hamaker, il cui libro ha promosso fortemente la rimineralizzazione del suolo, è morto nel 1994. In precedenza era stato accidentalmente spruzzato, durante un'operazione di irrorazione stradale, con l'erbicida tossico 24D e da allora soffrì di una malattia debilitante.

Nel suo ultimo anno di vita scrisse a Barry Oldfield, presidente del gruppo Western Australian Men of the Trees, sostenendo l'uso di ghiaia morenica (proveniente dai ghiacciai) e sostenendo che un terreno sano genera batteri in grado di utilizzare tutti i gas atmosferici, compresi l'azoto e l'anidride carbonica, contribuendo così a stabilizzare il cambiamento climatico. Don Weaver continua a scrivere sulla rimineralizzazione (alcuni dei suoi libri sono disponibili online nel 2024).

Negli anni '80 il professor Phil Callahan, in America, ha portato la nostra attenzione sulla scienza del paramagnetismo e sui suoi benefici per la crescita delle piante. Egli fu in grado di spiegare come le polveri di roccia vulcanica possano fornire non solo minerali, ma anche energia ai terreni, anche se molti non credono alle sue scoperte. È il destino della maggior parte dei geni!

Nel 1986 è stata lanciata negli Stati Uniti una newsletter dedicata ai benefici della polvere di roccia, che nel 1994 è stata trasformata in una rivista trimestrale. Remineralize the Earth era diretta da Joanna Campe, ma ha cessato le pubblicazioni nel 1998. Mi è stato detto che ciò è dovuto in parte alla percezione che il tema sia diventato troppo 'mainstream', con molte università statunitensi e alcuni dipartimenti governativi dell'agricoltura che fanno ricerca e prendono provvedimenti al riguardo. Tuttavia l'associazione dispone di un sito web informativo e una newsletter a cui iscriversi all'indirizzo www.remineralize.org.

Prove sulla polvere di roccia
In Australia dal 1997 l'impresa edile australiana Boral proprietaria di oltre 200 cave di basalto valuta e studia scientificamente i benefici dell'applicazione della polvere di roccia. Gli scienziati di Boral hanno adottato un approccio olistico nelle loro prove studiando gli effetti dell'applicazione di polvere di roccia al terriccio e in combinazione con lo Sweetpit (un preparato per terreno diamagnetico a base di calcare) e con fertilizzanti artificiali in quantità variabili. I migliori effetti sulla crescita delle piante sono stati osservati quando sono stati applicati tutti e tre gli elementi insieme.

Le prove hanno dimostrato che la polvere di roccia migliora il pH del suolo, la capacità di ritenzione idrica, l'attività microbica, il rapporto tra radici e germogli, la salute delle piante in generale, il tasso di germinazione dei semi e il complesso di humus, mentre aumenta l'altezza e il peso delle piante e ne riduce la mortalità. La polvere di roccia è un buon sostituto della sabbia nei substrati di coltivazione. Dopo sei anni di studi agronomici, Boral è stata riconosciuta come leader mondiale nella ricerca scientifica sulle polveri di roccia per il miglioramento del suolo.

Durante le numerose prove condotte sulle piante Boral ha verificato una crescita rigogliosa delle piante di controllo. Queste crescevano nelle immediate vicinanze delle piante trattate con la polvere di roccia. Alla fine i ricercatori hanno capito che si trattava di un effetto puramente paramagnetico. Ciò è stato verificato da esperimenti in vaso condotti dal gruppo Men of the Trees nell'Australia occidentale. In un esperimento del MOTT sono stati seppelliti piccoli sacchetti di plastica di polvere di roccia nel vaso della pianta. Questo è stato sufficiente per aumentare la crescita delle piante, nonostante non ci fosse alcun contatto fisico tra le radici delle piante e la polvere di roccia!

Efficacia dei costi

Buone tecniche agricole, con applicazioni di polvere di roccia e sufficiente materia organica, migliorano l'intensità paramagnetica e diamagnetica del suolo. Con un buon livello di attività microbica, si svilupperà un suolo con un complesso di humus colloidale. E non ci vorrà molto tempo, a differenza del vecchio detto secondo cui "*ci vogliono mille anni per far crescere un centimetro di terriccio*".

I benefici per gli agricoltori sono anche economicamente vantaggiosi, rispetto al costo dei fertilizzanti chimici. A partire dal 1985 è stata condotta un'attenta analisi dei costi e dei benefici dell'uso di una miscela commerciale di polvere di basalto (Min-Plus) nella piantagione di banane Harding Brothers nel Queensland. I risultati complessivi hanno visto una riduzione dell'80% delle applicazioni di fertilizzanti e del 50% di quelle di dolomite, mentre la carenza di magnesio, un problema precedente, è svanito dopo sedici mesi. Le banane sono diventate più sane, crescendo il 20% più velocemente del solito e producendo una resa migliore del 25%. Il totale dei risparmi sui costi e l'aumento della resa hanno equivalso a un beneficio di 56.722 dollari per ettaro. [2]

Se a ciò si aggiunge la riduzione dell'impatto ambientale derivante dalla minore dispersione di sostanze chimiche, il risultato è vantaggioso per tutti. (A meno che non siate un produttore di fertilizzanti).

Roccia di granito

L'utilizzo di diversi tipi di polveri di roccia dipende dalle colture praticate. Mentre la polvere di roccia più utile è solitamente un basalto altamente paramagnetico (con un basso livello di ferro), ma in Australia occidentale il granito è più facilmente disponibile. Già nel 1991 i Men of the Trees hanno dimostrato che la polvere di granito aggiunta al terriccio poteva stimolare la crescita sana delle piantine presso il loro vivaio, Amery Acres.

Una prova del MOTT ha visto un aumento di cinque volte della crescita di alcune piantine di eucalipto e una riduzione dei tempi di rinvaso - da cinque mesi a sei settimane – attraverso l'aggiunta di una particolare polvere di granito aggiunta al terriccio. Tuttavia, la stessa polvere di granito è stata utilizzata su una coltura di grano che ha registrato un fallimento totale: era una coltura senza testa! (Nelle vicinanze, il coltivatore di grano biodinamico Malcolm Borgward ha raccolto un favoloso raccolto di grano, con dieci tonnellate per ettaro, grazie all'aggiunta di polvere di roccia diorite, che aveva selezionato con la kinesiologia).

Nel 1994 la studentessa di master Cathy Coroneus ha dimostrato in esperimenti con i Men of the Trees che la polvere di roccia di granito applicata al terreno rilascia potassio alle piante e lo trattiene dalla lisciviazione, cosa che i terreni sabbiosi con l'aggiunta di cloruro di potassio non riuscivano a fare. Ha anche osservato che, aggiungendo appena lo 0,05% di polvere di granito a un terreno non umido, si riesce a dimezzare il tempo di infiltrazione dell'acqua.

Granito rosa su una spiaggia della Tasmania nord-orientale, con una linea di feldspato.

I ricercatori della Curtin University e del MOTT hanno studiato le polveri di granito come potenziali miglioratori del suolo, ma in genere senza ottenere risultati molto buoni. L'agricoltore naturale e autore statunitense Hugh Lovel (ora deceduto) ha scritto che le polveri di granito e gneiss negli Stati Uniti contengono oltre il 25% di silicio, con il 4% di potassio e lo 0,5-0,7% di fosforo, oltre a vari oligoelementi.[1] Su questi terreni a basso contenuto di energia paramagnetica ha avuto una crescita fantastica, con grande costernazione del suo amico Phil Callahan. Quando ho incontrato Lovel in Irlanda nel 2017, mi ha detto che credeva che fossero gli alti livelli di silice a garantire un'eccellente fertilità.

Il granito e la saggezza antica
Il granito contiene un po' di uranio, quindi è noto per essere leggermente radioattivo e associato alle emissioni di gas radon. Un tempo si riteneva che

il radon in piccole dosi avesse effetti curativi e si faceva il bagno nell'aria ricca di radon delle grotte. Gli studi hanno dimostrato che le regioni in cui si riscontrano alti livelli di radon non presentano necessariamente gli alti tassi di cancro ai polmoni previsti. A volte si verifica uno scenario inverso, con una diminuzione dei tumori. Molte terme curative e acque sorgive sacre sono note per essere leggermente radioattive.

Gli Egizi chiamavano il granito maat, la pietra dello spirito, e la Camera del Re nella Grande Piramide è rivestita di bellissimo granito rosa. Questa camera, insieme a una moltitudine di monumenti preistorici in granito trovati in tutta l'Europa occidentale, presentano tutti alti livelli di gas radon. Il Dragon Project, un'équipe che ha studiato diversi cerchi di pietre nel Regno Unito, ha scoperto che i cerchi di granito presentano 'punti caldi' in cui vengono emessi flussi costanti di radiazioni gamma.

Paul Deveraux ha ipotizzato che il granito possa essere stato scelto perché le sue energie possono avere effetti psico-spirituali sulle persone. Si pensa che gli

Darryl pacciama i suoi alberi di quandong con polvere di granito rosa, nell'Australia meridionale.

elevati livelli di radiazioni nei siti sacri - l'aria ionizzata delle grotte sacre, le energie trovate intorno ai cerchi di pietre paramagnetiche e radioattive, ecc. - possano aver influenzato i livelli ormonali del cervello e innescato stati di coscienza alterati nelle persone durante i loro rituali cerimoniali. Probabilmente sono stati influenzati i livelli dell'ormone cerebrale serotonina e delle beta-carboline, che si ritiene favoriscano l'immaginazione dei sogni e le visioni.[3]

Va bene qualsiasi polvere di roccia?

Se il terreno non ha la giusta miscela di sostanze nutritive per la coltura, l'aggiunta di una polvere di roccia qualsiasi non è necessariamente d'aiuto e potrebbe addirittura risultare tossica in qualche misura.

Sebbene la polvere di roccia basaltica sia una fonte importante di oligoelementi, manca dei macronutrienti essenziali: azoto, fosforo e, in misura minore, potassio. Boral suggerisce di miscelare diversi tipi di polvere di roccia, come graniti e ghiaia di fiume, con l'aggiunta di minerali, per compensare eventuali carenze.[4] Anche se le aziende commerciali miscelano diverse miscele di polvere di roccia per ampliare lo spettro di minerali, non è detto che questo soddisfi le esigenze specifiche del vostro terreno.

Livelli elevati di ferro possono essere un problema in alcuni terreni (che spesso sono rossi) e una polvere di roccia basaltica o di scoria lavica mal selezionata potrebbe aggiungere ferro in eccesso se non viene applicata in misura accurata. Il ferro è necessario per la fotosintesi, ma una quantità eccessiva può combinarsi con l'alluminio e bloccare i fosfati e gli oligoelementi nei terreni acidi. Nei terreni fertili, 10-50 parti per milione di ferro sono considerate sufficienti.

Prodotti paramagnetici
Aziende australiane Boral ha fatto un'ampia ricerca in letteratura sull'argomento e ha trovato un elenco di intensità paramagnetiche per vari tipi di rocce. La lettura più alta, proveniente dalla roccia di Kings Canyon nel Territorio del Nord, aveva un valore di 4.795cgs. Testando i propri basalti, furono felici di scoprire che si trattava di una delle rocce più alte al mondo: il basalto proveniente da una cava di Kiama NSW aveva un valore compreso tra 4.830 e 6.090 cgs. Hanno iniziato a commercializzare una miscela delle migliori polveri di basalto, chiamata NuSoil, e un prodotto chiamato Sweetpit, sviluppato per il mercato giapponese. Sweetpit deriva da una selezione di calcari e zuccheri, quindi è un'ottima fonte di minerali diamagnetici.

Tuttavia, dopo aver scritto questo libro nel 2000, Boral ha abbandonato la ricerca e la promozione di NuSoil. Mi è stato detto che non c'erano abbastanza persone che utilizzavano le loro polveri di roccia per giustificare il proseguimento della ricerca. Fortunatamente, si sa già abbastanza! Inoltre molte delle cave di basalto menzionate sono state chiuse.

Effetti dell'uso delle polveri di roccia:

Aumento dei rendimenti
Negli studi scientifici sulla rimineralizzazione del suolo mediante l'uso di polvere di roccia, è stato riscontrato un aumento dei rendimenti agricoli da due a quattro volte e un aumento del volume di legno nella silvicoltura. [5]

Minore mortalità

Le persone riferiscono di tassi di mortalità più bassi nelle colture trattate con la polvere di roccia. Per illustrare la loro maggiore robustezza, in una delle serre Boral, durante un'ondata di calore di 44°C, uno sfiatatoio bloccato non si apriva equindi era impossibile raffreddare le piante. Molte piante erano bruciate e sembravano finite. Ma 48 ore dopo, quelle con l'aggiunta di polvere di roccia e Sweetpit erano ringiovanite e sembravano di nuovo in salute, mentre tutte le altre erano morte.

Soppressione dei parassiti

Dopo aver migliorato il terreno con la polvere di roccia, le persone riferiscono di avere meno parassiti e meno necessità di controllo dei parassiti, e le piante diventano vivacemente sane. Nelle prove condotte dall'associazione Men of the Trees di Perth, le piantine cresciute in un terriccio arricchito con polvere di granito non sono state rosicchiate dai bruchi, come invece è accaduto ai controlli effettuati nelle vicinanze.1

Una delle prove condotte da Boral ha esaminato l'effetto della polvere di roccia sui nematodi, parassiti delle piante che si trovano nel terreno. La polvere di roccia è stata applicata in un importante campo sportivo che soffriva di nematodi del tappeto erboso e si è dimostrata efficace. È stato quindi assunto un patologo vegetale per approfondire lo studio in una sperimentazione scientificamente replicabile. I risultati hanno dimostrato che le piante in un terreno biologicamente attivo con alti livelli di polvere di roccia potevano mantenere una crescita vigorosa, nonostante la presenza dei nematodi, che normalmente avrebbero avuto effetti dannosi. I pomodori coltivati in queste prove erano più alti del 21% rispetto ai controlli, con un peso secco superiore del 65%.

Studi specifici dimostrano una maggiore resistenza ai parassiti delle colture biologiche rispetto a quelle prodotte in modo convenzionale. Uno studio condotto dal dottor Franco Weibel presso l'Istituto di ricerca sull'agricoltura biologica di Ackerstrasse, in Svizzera, ha rilevato che le mele prodotte con metodi biologici presentano livelli più elevati di fenoli. I fenoli sono sintetizzati naturalmente dalle piante per difendersi da parassiti e malattie.[6]

Una ricerca condotta in Germania ha scoperto che la polvere di roccia molto fine spruzzata direttamente sulle piante scoraggia gli insetti. Inoltre, un anello di polvere di roccia disposto intorno alle piante può costituire una buona barriera fisica contro lumache e limacce.

Protezione dai funghi

Le condizioni aerobiche favorite dalla polvere di roccia e dai microbi non sono favorevoli all'attività dei funghi. Georg Abermann, consulente agricolo e forestale austriaco, ritiene che la silice e altri oligoelementi freschi migliorino la resistenza agli attacchi fungini. Il preparato biodinamico antifungino 501 è costituito essenzialmente da silice, ricavata da cristalli di roccia frantumati; la silice è disponibile nel granito e in altre polveri di roccia.

Molte persone in tutto il mondo testimoniano l'assenza di funghi nelle coltivazioni grazie alla polvere di roccia. L'uso di questa polvere nei terricci con il compost riduce la sofferenza delle piantine a causa di attacchi fungini, oltre a sopprimere in generale gli agenti patogeni.

Soppressione delle erbe infestanti

Alcuni riferiscono di una soppressione delle erbe infestanti quando si applica la polvere di roccia. Resta da capire se ciò sia dovuto alla barriera fisica dello strato di polvere di roccia sparsa intorno agli alberi o a un cambiamento nello stato del suolo. Altri riferiscono di una crescita rigogliosa delle erbe infestanti in condizioni di crescita migliorate.

Sapore migliorato

Abermann e un gruppo di giardinieri in tutto il mondo riferiscono anche che la polvere di roccia migliora l'aroma e il sapore del raccolto. Gli oligoelementi favoriscono la formazione di enzimi aromatici nelle piante. Abermann riferisce che il fieno mineralizzato ha un aroma più intenso e gli animali lo mangiano con più gusto.

Qualità migliorata

Gli alimenti prodotti con metodi biologici offrono livelli nutrizionali più elevati, mentre i prodotti ottenuti da terreni spolverati di roccia oltre a questo presentano anche un miglioramento generale della qualità. Non esiste un test standard per la valutazione del livello di qualità, ma il miglioramento dei livelli nutrizionali è una buona indicazione, così come la presenza di grandi molecole complesse come zuccheri, proteine, enzimi, esteri e acidi organici.

Le piante coltivate in terreni paramagnetici tendono ad avere una sfumatura blu visibile all'occhio umano, dovuta a livelli di zucchero più elevati. Ciò equivale a un sapore migliore, a una maggiore resistenza ai parassiti e al gelo e a una migliore salute delle piante. I livelli di zucchero possono essere misurati con un rifrattometro o un misuratore Brix. La lettura dell'indice Brix è una tecnica sviluppata dal dottor Carey Reams all'inizio degli anni '80, molto diffusa tra gli agricoltori biologici. I terreni mineralizzati producono colture con letture Brix più elevate, a causa dei livelli di zucchero più alti. Alcuni ricercatori riportano un aumento di ben sei punti Brix con le colture coltivate in terreni paramagnetici.

Altri metodi di verifica della qualità utilizzati sono la cristallizzazione del cloruro di rame e la cromatografia, le tecniche fisico-chimiche come il conteggio delle emissioni di fotoni dagli alimenti (più alto è il conteggio, meglio è) e la misurazione della conducibilità elettrica e di altre proprietà elettrochimiche, nonché le tecniche microbiologiche e biochimiche, secondo quanto afferma la Soil Association britannica di cui al seguente sito internet: www.soilandhealth.org./06clipfile/nutritional quality of organic-grown food.html

Per la misurazione si può anche ricorrere all'antica arte della rabdomanzia. Il rabdomante può osservare dimensioni invisibili, scoprendo i livelli di forza vitale negli alimenti e delle loro proprietà salutari. Quanto maggiore è la forza vitale, tanto migliore sarà il cibo per la salute e il benessere.

Salute umana

Callahan utilizzò i principi del paramagnetismo per curare se stesso e suo figlio dalle malattie. Indossavano speciali giubbotti imbevuti di acqua di mare e ogni giorno mangiavano (o bevevano mescolati all'acqua) un cucchiaio di polvere di roccia fine e un cucchiaino di aglio. Callahan ha riferito che il suo cancro ai polmoni è stato sconfitto e anche l'artrite di suo figlio.

In Austria, il signor Schindele commercializza in tutta Europa una polvere di roccia finemente macinata come integratore alimentare minerale. Secondo quanto riferito, mangiando un paio di cucchiaini al giorno, ha cambiato il colore dei suoi capelli da grigi a castani (anche la salute degli animali può essere migliorata con la polvere di basalto, ma se ne parlerà più avanti).

Per trarre direttamente i benefici della polvere di roccia, è sufficiente assumere ogni giorno un cucchiaino di polvere di basalto fine in un bicchiere d'acqua per soddisfare il proprio fabbisogno di minerali. Basta mescolare, bere l'acqua torbida e lasciare i grumi sul fondo (se si dovessero buttare giù regolarmente i grumi si potrebbero avere problemi al colon).

Per migliorare il pH

Il basalto frantumato è un ottimo additivo per i terreni acidi, in quanto può contribuire ad aumentare il pH del terreno e ad addolcirlo. L'acidità del terreno, sia naturale che indotta dall'agricoltura chimica, tende a bloccare l'assorbimento dei nutrienti, come il calcio e i fosfati, da parte delle piante. Il superfosfato è molto acidificante, il triplo super è maggiormente acidificante e il mono super è menop acidificante. (Molto meglio fornire fosfato a lento rilascio sotto forma di fosfato naturale non trattato e adeguatamente compostato).

Anche l'alluminio viene rilasciato nei terreni se questi sono acidi e, se entra nel nostro organismo, può causare danni ai tessuti provocati dai radicali liberi. La tossicità dell'alluminio è anche implicata nelle lesioni da sforzo ripetuto e nel morbo di Alzheimer, che è dilagato dalla fine della Seconda Guerra Mondiale, quando si sono diffuse le pentole in alluminio.

La maggior parte delle persone applica calce o dolomite per aumentare il pH del terreno, ma questo può causare problemi al suolo, mentre la produzione di calce ha un'impronta ambientale eccessiva. Ehrenfried Pfeiffer, ricercatore di biodinamica e allievo di Rudolph Steiner, ha avvertito che l'uso della calce può bruciare il complesso di humus nel suolo, poiché sovrastimola la biologia del suolo e delle piante.

Questo è stato verificato in esperimenti austriaci, che hanno messo a confronto un terreno con polvere di roccia e un terreno con aggiunta di calce, e le conseguenti variazioni di pH nell'arco di 87 giorni. Nel giro di 24 ore il terreno trattato con la calce era passato da un basso pH4 a un pH7.

Un aumento così marcato del numero di ioni è molto stressante per le piante. La scala del pH è logaritmica, va da 1 a 14, e la scala è in realtà 1014 (10 alla potenza di 14). Un aumento così brusco del pH significa un aumento del numero di ioni da 100.000 a 100.000.000 di ioni! Le piante possono ammalarsi a causa dello shock di questo tasso di cambiamento.

Dopo 87 giorni anche il terreno con la polvere di roccia ha raggiunto un pH di 7, ma si è trattato di un aumento graduale, distribuito nell'arco di tempo, che non ha comportato alcuno stress per le piante. Un altro vantaggio nell'utilizzo della polvere di roccia per la correzione del pH è la riduzione dei gas serra.

Coltivazione più facile
In generale il miglioramento della struttura del suolo facilita la produzione di piante. Abermann ha riferito che durante i periodi di tempo umido, i terreni negli spazi interceppo dei vigneti non si impantanavano dopo aver utilizzato

la polvere di roccia Bio-Lit della sua azienda Sanvita. Si è verificata una buona aerazione del suolo ed è stato possibile spostarsi con le attrezzature meccaniche tra le viti senza il consueto compattamento del terreno sotto la superficie. È stata inoltre necessaria una minore coltivazione per far prosperare le colture di copertura interceppo.

Resistenza al gelo

Aberman ha anche riscontrato che la resistenza al gelo delle viti è aumentata significativamente dopo l'applicazione della polvere di roccia Bio-Lit e la conseguente formazione di un buon complesso di humus. Altri coltivatori hanno osservato che sono gli alti livelli di zucchero nelle piante ad agire come antigelo, che aumentano grazie alla polvere di roccia.

Ridurre la salinità del suolo

David Hall, sostenitore della coltivazione biologica, suggerisce che il valore paramagnetico della polvere di roccia Eco-Min "sembra separare il sodio dal cloro, consentendo al cloro di scomporsi alla luce del sole nei terreni salini". [8]

Nutritherm ha riferito che i livelli di sale sono scesi da 2.500 unità EC a circa 500 EC in un campo da golf di Adelaide nei dodici mesi successivi all'applicazione di Nutritherm e dei microbi al tappeto erboso. Migliorando l'attività biologica nel terreno, possiamo favorire una riduzione naturale della salinità del suolo. Questo è stato dimostrato anche dalla ricerca canadese ed è in fase di emulazione nell'Australia occidentale.[9]

Da diversi anni gli Uomini degli Alberi stanno rimboscando una salina a Nambling. In questo ambiente inospitale, hanno sparso trucioli di legno come pacciamatura intorno alla maggior parte degli alberi. Nonostante la siccità, quelli pacciamati sono sopravvissuti al 100%.

"Questo è in linea con le ricerche del dottor Giles Lemur dell'Università del Quebec, secondo il quale il miglior modo per rigenerare i terreni colpiti dal sale è alimentare il sottobosco della foresta, con potature di alberi non più grandi di 7 cm. Questi non devono essere sparsi troppo spesso, per permettere al sole di penetrare nel terreno. Questa ricetta favorisce la crescita di funghi micorrizici, che forniscono agli alberi i minerali necessari e gli alberi ricambiano il favore dando ai funghi lo zucchero". [9]

Se in questa prova fossero stati sparsi anche polvere di roccia e melassa o Sweetpit, il risultato sarebbe stato ancora migliore. Potremmo quindi recuperare i terreni desertici salati con l'approccio ecologico della rivegetazione dei paesaggi, la pianificazione delle aziende agricole in permacultura e la riabilitazione del suolo con polvere di roccia, innoculanti microbici e materia organica.

I deserti possono rifiorire e Geoff Lawton dell'Istituto di Permacultura nel nord del Nuovo Galles del Sud è andato in Medio Oriente e ha fatto proprio questo. Ho raccontato quello che avevo sentito sul lavoro canadese di ripristino dei suoli con pacciamatura legnosa per favorire i funghi. Lawton ha poi ottenuto un successo spettacolare in Palestina e in Giordania, come si vede in un breve filmato su YouTube, *'Greening the Desert'*.

Passaggio all'agricoltura biologica

Un terreno coltivato chimicamente è stato completamente ripulito attraverso l'uso di un prodotto contenente polvere di roccia paramagnetica combinata con microbi, ha riferito Joanna Campe. Un anno dopo, i test hanno rilevato che non c'era traccia di residui chimici nel terreno. L'approccio della polvere di roccia può sicuramente accelerare il passaggio alla produzione biologica. [5]

Durata della conservazione

I prodotti coltivati su terreni ricchi di minerali tendono ad avere una maggiore durata di conservazione, poiché la loro integrità vitale resiste meglio alla decomposizione.

Silvicoltura

Abermann ha osservato i benefici della polvere di roccia che, durante la costruzione di una strada, era accidentalmente venuta a contatto con la foresta austriaca attigua alla strada dove gli alberi stavano morendo. La foresta è tornata a vivere e in seguito sono stati condotti test che hanno replicato con successo questo effetto.

Anche se si tratta di una sola applicazione, si è scoperto che la silvicoltura di piantagione può trarre grandi benefici dallo spargimento di polvere di roccia sui siti. In esperimenti a lungo termine condotti dall'industria del legno in una foresta dell'Europa centrale, sono state applicate grandi quantità di polvere di basalto ai terreni della pineta. In un periodo di 24 anni, è stato ottenuto un volume di legno quattro volte superiore a quello abituale. Per un appezzamento si sono osservati i risultati dopo ben 60 anni dall'applicazione.[5]

Riduzione degli odori nel letame

Boral ha avuto successo con prove sulla riduzione degli odori nei concimi animali e nei fanghi di depurazione. La polvere di roccia aggiunta ha avuto un pronunciato effetto riduttivo sulle emissioni chimiche di odori, e quindi sull'odore, nelle prime 24 ore dopo il trattamento. Il recupero degli odori è stato solo parziale alcuni giorni dopo.

Anche il compostaggio dei concimi viene accelerato con l'aggiunta di polvere di roccia. Sanvita ha condotto prove con la sua polvere di roccia Bio-Lit anche in questo senso. Quando l'hanno aggiunta al letame nei recinti degli animali a 20-30 kg per metro cubo di rifiuti solidi o liquidi, o l'hanno messa nel letame da compostaggio al 2% della massa, hanno riscontrato una riduzione degli odori e un'accelerazione dei processi di compostaggio. [10]

Somministrazione di polvere di roccia agli animali

Abermann afferma che quando il 2% di Bio-Lit è stato aggiunto al foraggio, i livelli di proteine nel latte delle mucche sono aumentati dello 0,3%. Quando Bio-Lit al 2% è stato aggiunto ai mangimi per suini e pollame, si è registrata una minore incidenza di diarrea e un migliore utilizzo del foraggio.

Per spiegare questi effetti, Abermann ipotizza che la polvere di roccia finemente macinata crei le condizioni di vita più favorevoli e stabili per la microflora nello stomaco e nell'intestino degli animali, così come nei cumuli di compost e nel profilo del suolo, portando a tassi di moltiplicazione più elevati dei microbi. La microflora anaerobica dannosa viene inibita.

Lo spargimento di polvere di roccia sui pascoli per le mucche da latte è un altro modo efficace di apportare minerali. Secondo Abermann, i pascoli crescono rigogliosi, la produzione di latte aumenta e la mortalità da parto diminuisce. La sua polvere di roccia Bio-Lit, composta per il 51% da silice, viene consegnata sfusa in autocisterne da 26 tonnellate direttamente nelle vasche dei liquami delle aziende agricole. Mescolata con gli effluenti, viene poi distribuita sui pascoli a 800 kg di polvere di roccia/ettaro/anno. Le mucche preferiscono di gran lunga questo pascolo a qualsiasi altro pascolo non trattato.

Rocce curative

In molte culture antiche del mondo le rocce sono state utilizzate per facilitare i processi di guarigione. Questa tradizione sta riemergendo e le rocce di basalto vengono ora utilizzate come complemento di terapie new age. 'La Stone' therapy consiste nel posizionare pietre di basalto calde e pietre di marmo fredde sui punti chakra (centri energetici) del corpo. [11]

Contrastare le alghe tossiche

È stato riportato che la polvere di basalto aggiunta ai corsi d'acqua imquinati dalle alghe blu-verdi tossiche può combatterne con successo i focolai. Forse ciò è dovuto in parte alle variazioni del pH.

Contro i parassiti

La polvere di roccia può costituire un'ottima barriera fisica contro le termiti predatrici, se sparsa come strato continuo sotto gli edifici per uno spessore di 100 mm. 'Granite-Guard' è un prodotto commerciale basato su questo principio. È molto meglio che spruzzare prodotti chimici tossici sotto la casa a intervalli regolari, con le persone che respirano i fumi emessi. Tuttavia, alcuni ritengono che questo metodo non sia così efficace come ipotizzato.

Antiradiazioni

Ho scoperto che alti livelli di paramagnetismo contrastano in qualche misura gli effetti delle radiazioni elettromagnetiche e della radioattività. Alcuni sostengono di mangiare alcuni tipi di polvere di roccia per eliminare le particelle radioattive dal corpo. (Le vittime della guerra nucleare di Hiroshima sono sopravvissute meglio del previsto, grazie alla loro dieta a base di alimenti ricchi di minerali come le alghe e il miso). Si assume circa un cucchiaino di polvere di roccia tritata molto fine in acqua, lasciando che eventuali grumi rimangano sul fondo del bicchiere.

Altre persone riempiono bottiglie o barattoli con basalto frantumato e li posizionano intorno alla casa dove le radiazioni elettromagnetiche o geopatiche sono un problema. Un lettore di Stone Age Farming dormiva male da qualche tempo. Dopo aver letto il libro, è andato subito dal paesaggista e ha comprato un sacco pieno di basalto frantumato per pochi dollari. Ne mise circa cinque chili in un sacchetto più piccolo e lo mise sotto il letto. Da quel giorno ha goduto di un sonno favoloso!

Grazie a questo effetto antiradiazioni, la polvere di basalto viene oggi utilizzata in un'ampia gamma di dispositivi di protezione personale dalle radiazioni. Per gli appassionati del fai-da-te, si tratta di una tecnologia sperimentale economica e divertente, necessaria in un mondo bombardato dai rischi invisibili delle frequenze di radiazioni malsane. Quanto più metallo blu viene incorporato in un edificio, tanto migliori possono essere le sue energie.

Ristrutturazione dell'acqua

L'acqua è molto sensibile all'ambiente circostante e si contamina facilmente. A contatto o in prossimità di polvere di roccia paramagnetica, l'acqua riorganizza la propria struttura molecolare e riduce la tensione superficiale. Viene quindi assorbita più facilmente dal suolo e dalle piante e si presenta in una forma più benefica, migliorando la salute e la crescita di piante e animali.

"Il sapore è migliore, l'odore di cloro è ridotto, le incrostazioni nei raccordi e nelle tubature sono ridotte, il potere pulente è maggiore e l'idratazione del corpo è migliorata, oltre ad altri benefici", scrive Tim Strachan, che produce sistemi di acqua energizzata a Sydney.

L'acqua piovana è di solito abbastanza neutra e priva di minerali, ma può raccogliere acidi, metalli e sali dall'atmosfera e dai tetti. L'acidità può essere neutralizzata e il contenuto di minerali migliorato facendo penzolare delle 'bustine da tè' giganti di polvere di roccia paramagnetica all'interno dei serbatoi della pioggia e facendole oscillare di tanto in tanto.

I sistemi commerciali di energizzazione dell'acqua spesso combinano piccole quantità di polvere di roccia e altre sostanze in un paio di manicotti che si inseriscono nei tubi di alimentazione dell'acqua in entrata. Il concetto si basa sull'osservazione globale che le persone traggono beneficio dalle sorgenti curative associate a rocce basaltiche paramagnetiche. Il produttore dell'attivatore d'acqua afferma che è "*composto da basalto e altre particelle di forma particolare che riproducono l'effetto magnetico che provoca la formazione di una struttura molecolare caratteristica dell'acqua viva e vitale. L'energia dell'acqua viene migliorata per raggiungere livelli di risonanza più elevati. Nel processo la struttura molecolare dell'acqua si trasferisce attraverso la rotazione della mano sinistra, che impoverisce l'energia, alla rotazione della mano destra, energizzante e vitalizzante*".

Si dice che l'Attivatore d'Acqua ristrutturi l'acqua in modo che sia più efficace per svolgere funzioni come l'eliminazione delle tossine dal corpo. *"L'acqua è più morbida, fa più schiuma, riduce le incrostazioni calcaree e gli effetti di corrosione sulle tubature."*[11] I sistemi di energizzazione dell'acqua stanno diventando molto popolari nei centri termali, dove l'idroterapia richiede la migliore qualità dell'acqua.

Sistemi per le acque grigie

Per quanto riguarda il trattamento delle acque grigie, è stato osservato che i bacini di fitodepurazione per le acque grigie, progettati per depurare l'acqua in modo naturale, funzionano meglio quando per riempirli si usa il basalto, anziché altre rocce.[13] La roccia lavica potrebbe essere ancora migliore. Essendo piena di buchi, ha una superficie maggiore per i batteri, e a volte è anche paramagnetica. Ho sentito parlare di buoni risultati nell'uso della roccia lavica negli stagni di acque grigie da parte di permacultori dell'Australia occidentale. Si dice che la qualità delle acque grigie migliori ulteriormente se l'acqua è stata inizialmente energizzata.

Trovare buone fonti

Cercate le cave di basalto locali; i negozi di architettura paesaggistica possono essere il posto migliore dove cercarlo, soprattutto se ne volete solo una piccola quantità. Assicuratevi che si tratti proprio di basalto, quando chiedete il nome comune in Australia è 'metallo blu'. Questo nome viene usato anche per altre rocce blu, come la dolerite, di un blu più pallido.

Se volete verificare i prodotti della vostra cava locale, è bene chiedere l'analisi dei minerali, se disponibile, e controllare che non vi siano alti livelli di ferro, che potrebbero dare letture errate quando si esegue il test del paramagnetismo.

Impressionanti colonne di basalto presso il Giant's Causeway, sulla costa settentrionale dell'Irlanda. Le Organ Pipes sulla sinistra sono alte circa 15 m.

Per scoprire il livello di paramagnetismo, si può agitare lentamente un magnete sotto un foglio di carta su cui è stata sparsa un po' di polvere di roccia. Se le particelle si muovono verso e con il magnete, e sono attratte più di altri campioni, sarà il segnale di un buon grado di paramagnetismo. In alternativa, attaccate una corda al magnete per permettergli di oscillare liberamente verso il campione.

I graniti possono essere paramagnetici o meno. I campioni di granito bianco e nero che ho analizzato sono risultati energeticamente neutri, credo perché le energie yin/yang sono in equilibrio. Tuttavia, i graniti rosa del Victoria, dell'Australia Meridionale e dell'Australia Occidentale sud-occidentale che ho analizzato sono abbastanza paramagnetici (anche se solo per alcune centinaia di cgs), poiché hanno una componente aggiuntiva di feldspato rosa paramagnetico. All'interno di ogni deposito roccioso vi sono aree di materiale con diversi gradi di paramagnetismo.

Fonti in Italia

Nel corso degli ultimi 12 anni Andrea Donnoli ha fatto analisi e ricerche su oltre 200 campioni di materiali, per un totale di oltre 50 cave da Nord a Sud, comprese le isole. Il basalto varia completamente da cava a cava, sia da un punto di vista fisico chimico che soprattutto per la parte energetica, quindi a fronte di oltre 500 progetti su larga scala, con estensioni fino ad oltre 100 ettari, sono stati impiegati vari tipi di rocce. La selezione è frutto di anni di ricerca e sviluppo continuo, sono quindi stati selezionati i migliori prodotti per poterli metter sul mercato. (Dettagli per forniture di geoterapia tramite ElettroColtura alla pagina www.elettro-coltura.com)

Tassi e regimi di applicazione

Nella maggior parte delle cave che ho visitato mi è stato permesso di riempire gratuitamente alcuni sacchi di polvere di roccia, sufficienti per un orto domestico.

Il quantitativo di applicazione ottimale raccomandato dalla ricerca Boral è di 5-10 tonnellate per ettaro. Al di sopra di questa dose massima si verifica un livellamento degli effetti, quindi non conviene esagerare. Poiché i costi di trasporto e di spandimento della polvere di roccia in campo aperto non sono economici, si consiglia di spargerne di più a intervalli meno frequenti per ridurre tali costi. In altre parole, invece di spargere cinque tonnellate per ettaro ogni due o tre anni, è più economico spargere 10 tonnellate/ha ogni cinque anni circa. Quantità minori, anche di 1-2 tonnellate/ha porteranno buoni risultati, se applicate spesso. [4]

Gli agricoltori austriaci hanno riscontrato l'utilità di spargere polvere di roccia al momento di tagliare la coltura. Hanno osservato che l'ambiente più aerobico sulla superficie del suolo aiuta la coltura da sovescio a attecchire più facilmente. Se si cerca solo di aumentare i valori paramagnetici del terreno, è possibile utilizzare la roccia in forma di trucioli per un'applicazione una tantum. I trucioli sono più economici da produrre e non si erodono come la polvere più fine. Scegliendo materiale con valori paramagnetici più elevati è possibile ridurre le quantità necessarie, con un notevole risparmio sui costi di trasporto. Ottenendo un vaglio finissimo di polvere di circa 5 mm, si otterrà una gamma di dimensioni delle particelle, dalla polvere ai piccoli pezzi appuntiti che daranno l'effetto antenna paramagnetica.

Un ultimo consiglio

Di contro rispetto ai vantaggi sull'uso delle polveri di roccia, c'è purtroppo un rovescio della medaglia! Le particelle fini rappresentano un pericolo se respirate, in quanto le polveri silicee possono essere pericolose come l'amianto per i polmoni. È quindi consigliabile indossare sempre maschere antipolvere ogni volta che questo può rappresentare un pericolo. È preferibile maneggiare la polvere di roccia bagnata, perché è meno polverosa. Coprite il carico o bagnatelo durante il trasporto, altrimenti potrebbe volare via!

Testare le teorie

È possibile testare tutte queste teorie su piccola scala, e questo può essere un buon modo per valutare l'efficacia delle rocce selezionate. Per testare l'effetto puramente energetico, mettete dei pezzi di pietra paramagnetica in un certo numero di vasi di piante mescolati con il terriccio, e disponete alcuni vasi di controllo senza roccia a diversi metri di distanza. Confrontate la crescita, ad esempio, delle piantine di ravanello o dei germogli di grano.

Le piante preferiscono ricevere la polvere di roccia dopo averla incorporata nel terriccio. Hugh Lovel raccomanda di non aggiungere più del 10% di polvere di roccia finissima ai cumuli di compost.

In giardino, provate a usare circa un chilo di polvere di roccia per metro quadrato di giardino, più un po' di compost mescolato agli ultimi centimetri di terriccio, quindi pacciamate e mantenete umido. Lasciare le aree non trattate per fungere da terreno di controllo. Quindi seminate o aggiungete piante e monitorate i risultati.

I benefici dell'eco-agricoltura in breve:

Quando si aggiunge al terreno polvere di roccia, materia organica e microbi ci si può aspettare:

Miglioramento del suolo in relazione a:

struttura del suolo
complesso di humus
attività microbica
capacità di ritenzione idrica
migliore drenaggio
conversione più rapida alla produzione certificata biologica
più facile coltivazione
processi di compostaggio accelerati
riduzione degli odori durante il compostaggio dei concimi

In relazione alla crescita delle piante e al raccolto, un aumento di:

altezza e peso delle piante
rapporto tra radici e germogli
tassi di germinazione dei semi
salute delle piante
livelli di zucchero (Brix)
qualità, quantità, valori nutrizionali e sapore del raccolto
salute del bestiame e delle persone
redditività e sostenibilità dell'azienda agricola

Per le piante e il suolo, riduzione complessiva di:

mortalità delle piante
acidità del suolo
danni da gelo
danni da parassiti
problemi fungini
necessità di irrorazione chimica e deflusso di prodotti chimici
tendenza all'erosione del suolo
necessità di irrigazione
compattazione del suolo
scosti di produzione
salinità del suolo.

Riferimenti

1 - *Men of the Trees Report No. 7*, marzo 1995, WA.
2 - Campe, Joanna, *Remineralising our Soils,* Acres USA, aprile 1995.
3 - Deveraux, Paul, *Symbolic Landscapes*, Gothic Image, Regno Unito, 1992.
4 - Dumitru, I., Zdrilic, A. e Azzopardi, A, *Remineralisation Soil with Basaltic Rock Dust in Australia*, Boral Construction Materials, Sydney, Australia, 1999.
5 - *Remineralizzare la Terra*, numero 12-13, USA.
6 - Martens, Mary-Howell R, Qualità nutrizionale: *Organic Food versus Conventional*, Acres USA, novembre 2000.
7 - Bird, Christopher & Tompkins, P., *Secrets of the Soil*, Harper & Row, USA, 1989.
8 - Hall, David, *Soils or Spoils*, Vol. 2, autoprodotto, Qld Australia.
9 - Newsletter del Gruppo di Risonanza Naturale, novembre 2000.
10 - Abermann, Georg, Sanvita Pty Ltd, Oberndorf, Austria, 1997.
11 - Rivista *Spa Australasia*, 2000, vol. 5.
12 - The Energy Store, Sydney.
13 - Comunicazione personale del funzionario ambientale Tony Kohlenberg del Comune di Lismore, NSW, 2000.

Capitolo 1.3 Ripristinare la risonanza naturale

È noto che l'uranio irradia energia malsana, sotto forma di radiazioni ionizzanti, e che il materiale nucleare può essere pericoloso a lungo termine. Se è vero che alcune rocce cristalline, come il quarzo, possiedono energie che possono essere benefiche per noi, non è noto a molti che anche altre rocce dall'aspetto molto ordinario possono irradiare energie utili.

Nel meraviglioso libro *Secrets of the Soil*, Christopher Bird fornisce un esempio di una di queste rocce, l'azomite, una forma di montmorillonite, che viene estratta in America per i suoi oligoelementi benefici per la salute. Un grande sostenitore di questa polvere di roccia è il medico veterinario C. S. Hansen, che le attribuisce sorprendenti proprietà dovute agli oligoelementi che irradierebbero microonde benefiche. Egli ritiene che siano le microonde delle piante a essere rilevate dagli insetti, attraverso le loro antenne, e che la mancanza di radiazioni minerali sia ciò che attira gli insetti a venire a 'ripulire la spazzatura'.

Hansen ha spiegato a Bird che, quando l'azomite viene sparsa intorno a colture cariche di pesticidi, erbicidi e metalli pesanti, gli effetti di queste tossine vengono neutralizzati in tutta la pianta nel giro di quattro minuti. Egli riteneva che questo effetto fosse dovuto alle radiazioni degli oligoelementi che catalizzano le tossine in composti innocui che la pianta può utilizzare o restituire al terreno.

Callahan scoprì che non solo gli insetti e i batteri, ma anche gli stessi elementi chimici irradiano segnali elettromagnetici per trovarsi, riconoscersi e unirsi tra loro. Ciò è stato confermato dalla ricerca chiaroveggente, come testimoniano i disegni dei teosofi Leadbeater e Besant, che mostravano gli elementi in esame ricoperti di corna e spuntoni che si pensava venissero utilizzati per la ricezione e la comunicazione dell'energia. Anche Rudolph Steiner alludeva a tali possibilità quando diceva che 'gli elementi sono senzienti'. [1]

La ricerca Austriaca
Ho già detto che Schindele scoprì i benefici dell'applicazione di polvere di roccia alle foreste morenti dell'Austria. Non solo ha fatto rivivere i suoi alberi, ma ha anche riportato i suoi capelli da grigi a castani, dopo averne preso due cucchiai al giorno. Il prodotto è commercializzato in tutta Europa come integratore alimentare minerale.

I test condotti dall'Università di Vienna hanno rilevato che la polvere di roccia utilizzata da Schindele può persino agire contro la radioattività e ciò è stato confermato da un istituto sovietico di fisica atomica in Ucraina. Al micropolariscopio è emerso che la polvere di roccia aveva un reticolo molecolare e atomico alterato e che questo produceva effetti sulle particelle radioattive ionizzate nel corpo.[1]

Un altro Austriaco, il compianto dottor Gernot Graefe, ha iniziato a studiare gli effetti energetici delle polveri di roccia intorno al 1982. Graefe era un rinomato specialista del suolo e dell'humus e lavorava per l'Accademia austriaca delle scienze. Quando lesse il libro di Hamaker, La sopravvivenza della civiltà, si rese conto che i minerali erano l'anello mancante nella ricerca sul suolo. Ben presto applicò polveri di roccia con resti d'uva compostati alle foreste morenti, riportandole in vita. La sua convinzione, ben studiata, è che "*il suolo è la base della nostra esistenza presente e futura*".

Graefe decise che il sottile strato di terreno superiore della Terra "*rappresenta un livello di scambio e di condizionamento del clima che è più importante per l'equilibrio ecologico di quanto sia ancora riconosciuto*". Secondo Graefe, i venti impetuosi e i temporali si indeboliranno quando le interazioni tra il suolo e l'atmosfera saranno migliorate.

Nel 1987 Graefe ha iniziato la sua ricerca bioenergetica e ha scoperto che gli estratti liquidi di uva coltivata biologicamente potevano "*interferire con gli effetti delle radiazioni gamma nei tessuti*". Ulteriori indagini hanno rilevato buoni effetti nel contrastare altre forme di radiazioni. Sembra che l'humus si sia evoluto per filtrare e trasformare le energie ambientali. La sua collega Maria Felsenreich ha dichiarato che: "*ogni copertura di humus ben regolata acquista tutte le energie vibrazionali in entrata*".

Secondo Graefe, la causa della morte delle foreste in Europa era quadruplice: derivava dall'aumento delle radiazioni atomiche di fondo, dovute a test e incidenti nucleari; dall'aumento delle radiazioni provenienti dalle telecomunicazioni; dall'aumento delle radiazioni roentgen provenienti dal sole, dovute all'assottigliamento dello strato di ozono; e, in quarto luogo, dalla prevalenza dei campi magnetici delle linee elettriche.

Dopo che l'incidente nucleare di Chernobyl aveva diffuso la radioattività in lungo e in largo, scoprì che ciò aveva estinto o gravemente danneggiato i sistemi di risonanza energetica naturale della Terra, già indeboliti, e quindi il caos di risonanza la faceva da padrone. Due anni dopo, imparò che "*una persona con un campo individuale altamente ordinato può innescare sui campi disorganizzati una reazione a catena che ha un effetto organizzatore sull'acqua. L'energia dell'acqua inizia quindi a ripristinarsi*".

La natura, conclude la ricerca di Graefe, ha sviluppato due modi per proteggere le forme di vita dalle radiazioni: la "*tecnologia della polvere di roccia*" e la "*medicina dell'humus*". Alcune polveri di roccia, o miscele di polvere di roccia, secondo Graefe, sono in grado di trattenere le radioonde, le microonde, le radiazioni infrarosse, le onde luminose, gli ultravioletti, i roentgen e i raggi gamma indesiderati; mentre le molecole di humus contengono tutte le informazioni necessarie alla crescita di piante sane.

Barry Oldfield di Perth, Australia Occidentale, ha spiegato: "*Abbiamo confuso il pianeta Terra con energie contrastanti, che il sistema naturale non è in grado di gestire. Impartendo informazioni intelligenti attraverso materiali risonanti, è possibile ripristinare l'equilibrio*".

Per contrastare gli effetti nocivi delle radiazioni, Graefe scoprì che i flussi energetici naturali negli ecosistemi potevano essere stimolati da diversi tipi di polveri di roccia e materiali organici speciali. Con l'aiuto della rabdomanzia, selezionò dei punti in corrispondenza di alberi molto vecchi e di ceppi per collocarvi dosi omeopatiche di polveri di roccia, compost e altri agenti curativi, in una forma di trattamento di agopuntura terrestre. Questi tipi di trattamenti venivano applicati in vari modi anche ai corpi idrici, dove avevano grandi effetti depurativi ed energizzanti.

Per capire cosa stesse succedendo, nel 1988-89 Graefe ha sviluppato il suo "*Metodo di risonanza per la ricerca scientifica*". Si tratta fondamentalmente di una rabdomanzia energetica che utilizza come pendolo rocce di basalto appositamente selezionate dal Monte St Pauls, un antico vulcano dell'Austria orientale. Si insegnava alle persone a usare questi pendoli di basalto per capire quali polveri di roccia e quali combinazioni di polveri di roccia fossero adatte ai loro terreni. L'agricoltura biologica e biodinamica, ha sottolineato, "*mantiene i trasferimenti di energia locale nel paesaggio, ma le pratiche puramente tradizionali non sono sufficienti per tenere il passo con le moderne interferenze tecnologiche*".

Dopo la morte di Graefe, Felsenreich continuò il lavoro, insieme ad altri membri del Gruppo Europeo per lo studio e l'eliminazione dei disturbi elettromagnetici nei paesaggi e negli insediamenti. Essi ritenevano che l'acqua portasse con sé una certa risonanza naturale che, se disturbata, faceva soffrire tutte le forme di vita. (Felsenreich è morto nel 2009).

Agopuntura della Terra

L'acqua attiva all'interno della biosfera è stata definita da Graefe la 'casa dell'acqua'. In quanto portatrice di informazioni, l'acqua può essere contaminata da inquinamento chimico, disturbi elettromagnetici e radiazioni atomiche. È stato scoperto che si possono "*riprogrammare i corpi idrici per adattarli alle perturbazioni con apporti relativamente piccoli di polveri di roccia e materiali di humus selezionati in luoghi accuratamente scelti, in una sorta di agopuntura terrestre*". Queste informazioni si sono diffuse molto rapidamente, spesso su vaste aree, grazie all'effetto antenna degli alberi e al loro legame con i corpi idrici sotterranei.

Furono ideati trattamenti di grande semplicità. Per la protezione degli alberi, il gruppo raccomandava di seppellire in una buca dieci chili di resti d'uva freschi o vecchi di un anno, con almeno una buca per ettaro di bosco. Nei parchi, una pietra artificiale a forma di uovo (fatta di polvere di basalto) viene interrata tra le radici degli alberi, mentre nelle piantagioni e nei frutteti queste pietre vengono collocate all'inizio dei filari di alberi. Nei pascoli, la polvere di granito viene usata per rafforzare le radici delle piante e nei terreni coltivati viene sparsa al ritmo di tre tonnellate per ettaro.

Gli agricoltori possono innalzare la falda freatica, hanno scoperto, immergendo cinque chili di resti d'uva in 20 litri d'acqua per dodici ore. Il liquido marrone viene poi versato in un punto in cui le piante sono più vitali.

Le torri di telecomunicazione, ha stabilito il gruppo, facevano ammalare le persone, rendevano gli animali aggressivi o malati e anche le piante ne soffrivano. Per contrastare il loro disturbo energetico nelle aree residenziali, si consiglia di spargere polvere di roccia negli stagni e nelle aiuole. Per la produzione di compost suggeriscono di aggiungere 8 chili per metro cubo di cumulo. Con la rabdomanzia si possono mettere a punto questi metodi in base alla situazione individuale.

Per la protezione dalle radiazioni del computer si consiglia di indossare sacchetti di polvere di basalto al collo, soprattutto ai bambini, alle persone con un sistema immunitario debole e ai giovani tossicodipendenti, per i quali le radiazioni del computer sono più pericolose. (Gli studi hanno anche dimostrato che si verificano interazioni pericolose quando le persone che assumono psicofarmaci sono esposte alle radiazioni del computer).

Gruppo di studio sulla risonanza naturale in Australia

Su invito di Barry Oldfield, presidente della sezione dell'Australia occidentale del gruppo Men of the Trees (Uomini degli Alberi), il dottor Felsenreich, il dottor Alexander Fries-Tersch e Monica Gassner hanno visitato l'Australia occidentale nel gennaio 1995 per condividere le loro idee. Si dice che questa visita abbia fornito "*una delle nozioni più stimolanti da prendere in considerazione per i ricercatori: che i cambiamenti globali delle radiazioni di fondo, dovuti agli sviluppi tecnologici degli ultimi 60 anni, abbiano influito negativamente sulla salute delle piante, che i trattamenti omeopatici con polvere di roccia e materiali di humus selezionati potrebbero essere in grado di correggere*".

Subito dopo la loro visita si è formato un gruppo per condurre ricerche e installare vari dispositivi correttivi in quella parte del mondo. Il Gruppo di Studio sulla Risonanza Naturale, uno dei tanti gruppi che si occupano di questi problemi in tutto il mondo, ha avuto molte visite successive da parte degli austriaci e visite di ritorno da parte dei membri che si recavano in Austria. In tutto lo Stato sono stati realizzati e installati vari dispositivi correttivi, per lo più a base di polveri di roccia. Si va dai cilindri a forma di razzo per la protezione atmosferica, alle pietre a forma di cono per la protezione delle strutture di risonanza nelle acque sotterranee e ai sacchetti di polvere di roccia a forma triangolare da indossare contro le radiazioni del computer.

Anello Bio-Risonante

Sono stati installati anche alcuni anelli di biorisonanza.

I 'Bio-Resonating Rings' sono anelli a forma di ciambella di materiali di compostaggio. Il gruppo utilizza foglie di Marri Gum (eucalipto) pre-compostate, resti d'uva (vinacce) e polvere di roccia, tutti disponibili localmente. Al centro viene interrato un cilindro di Tesla, per eliminare qualsiasi disturbo elettromagnetico, e sopra di esso vengono collocate due pietre artificiali a forma di uovo, programmate per fissare le informazioni che l'humus maturo trasmette a beneficio delle piante. Felsenreich ha affermato che questi cumuli sono utili per riallineare e rafforzare i campi magnetici di un'area e hanno persino una *"forza di innalzamento dell'acqua"*. Quando sono stati installati in Europa, in foreste e giardini molto secchi, sono comparse chiazze di terreno umido. (La radiazione artificiale nell'ambiente porta all'aridità).

Gli Anelli Bio-Risonanti *"attraggono una cupola d'acqua sotto di loro, oltre a creare un vortice di energia intorno a loro"*, ha scritto nel 1997 Kevin Dixon, membro del gruppo di Risonanza Naturale. La mia personale rabdomanzia dei loro effetti ha mostrato un campo di influenza energetica di 70 km di raggio che emana da essi. Tuttavia, quando gli aeroporti erano vicini, i campi benefici non riuscivano a penetrare in queste zone ad alta radiazione. I campi energetici si sono inoltre interrotti quando hanno raggiunto l'Oceano Indiano.

Nell'agosto 1998 Gary de Piazzi mi parlò degli effetti dell'installazione di numerosi anelli biorisonanti da parte del gruppo. I membri avevano riferito le loro osservazioni, che potevano mancare di rigore scientifico, ma che non potevano essere ignorate. Hanno detto di aver goduto di un'atmosfera più tranquilla in prossimità dell'anello e di come fosse piacevole sedersi vicino a queste installazioni. Lo stress si riduce e prevale la calma. Alcuni riferiscono che la guarigione viene facilitata e accelerata. Le piante tendono ad avere un aspetto più vivace, con foglie più lucide. Gli uccelli nelle vicinanze tendono ad aumentare. A casa di Gary, dopo l'installazione dell'anello, i cacatua neri sono venuti a nutrirsi nelle Gomme di Marri, cosa che non era mai successa nei suoi sette anni di permanenza.

È stato anche osservato che gli anelli biorisonanti con gli effetti più benefici sono quelli che hanno attratto maggiormente le persone, che si uniscono intorno ad essi e li apprezzano regolarmente.

La generazione successiva di dispositivi 'stabilizzatori di campo' e 'correttori di impulsi' sviluppata dagli Austriaci è stata lo Stabilizzatore Bio-Energetico (B.E.S.), che genera anch'esso un campo energetico benefico. Il BES è costituito da uno speciale cumulo di compost in una cassa di legno rivestita da una rete di alluminio. Gli strati di scarti verdi e di resti d'uva sono cosparsi di polvere di roccia e di vermi e dei loro sottoprodotti. L'aria e l'acqua devono poter penetrare nel cumulo, ma non troppo.

Al centro della cassa è collocata la pietra stabilizzatrice bioenergetica, composta da una speciale miscela di polveri di roccia di vario tipo e grado, acqua potenziata ed essenze omeopatiche, mescolata con un cemento appositamente selezionato e colata in una forma troncoconica. Questa pietra costituisce il 'battito cardiaco' e funge da onda portante per tutte le informazioni contenute nel BES.

Il BES viene poi lasciato sotto o vicino all'albero più alto del giardino per rafforzare e amplificare la sua influenza. Man mano che il compost si riduce, si possono aggiungere altri rifiuti verdi o di cucina per completarlo. Dopo dodici mesi il contenuto può essere sparso per il giardino e la cassetta può essere riempita di nuovo negli anni successivi.

Dopo che Shelagh Williams, membro del gruppo, ha installato una BES nel suo giardino, un albero che non era mai fiorito prima è sbocciato magnificamente, mentre altre piante e le sue galline hanno mostrato maggiore vigore e salute. Un altro membro, Max Scott, ha riferito che il compost recuperato dalla sua BES era di altissima qualità, con un gran numero di vermi vivaci al suo interno.

Barry Oldfield ha documentato questo lavoro sia in Australia Occidentale che in Europa ed ha realizzato diversi filmati sui benefici dell'uso delle polveri di roccia, alcuni dei quali con David Bellamy. Il gruppo dell'Australia Occidentale, con l'invecchiamento dei suoi membri, ha cessato di operare alcuni anni fa. Barry Oldfield è morto nel 2013.

Uno stabilizzatore bioenergetico in fase di installazione da parte dei membri del gruppo di studio sulla risonanza naturale di Perth.

Riferimenti

1 - Bird, Christopher e Tompkins, P, *Secrets of the Soil*, Harper & Row, USA 1989
2 - Oldfield, Barry, *Men of the Trees Report No. 7*, marzo 1995. Anche molte newsletter e informazioni generali fornite dal Natural Resonance Study Group.

L'arte della radiestesia

L'autore pratica rabdomanzia su un vortice in cui si incrociano due linee d'acqua sotterranee al centro di un sito sacro in Irlanda.   Foto - S Keys.

In un workshop con l'autrice, gli allievi praticano analisi di radiestesia su campioni di polvere di roccia; dopo lo sviluppo della pellicola, si vede una luce misteriosa sopra la mini Torre Energetica.

Parte seconda - Radiestesia e giardinaggio

Capitolo 2.1   L'arte della radiestesia

Che cos'è la radiestesia?
La rabdomanzia, l'antica arte di ricercare la conoscenza dell'ignoto, è utilizzata per trovare riserve d'acqua o oggetti e persone spariti e per sintonizzarsi su energie invisibili per ottenere armonia e guarigione. Utilizza una percezione multisensoriale amplificata da strumenti come il classico bastone biforcuto, le aste angolari e il pendolo.

Divinazione, radiestesia, stregoneria dell'acqua e radionica sono alcuni dei termini che si riferiscono a varie forme di rabdomanzia. La gente di campagna conosce bene il rabdomante locale che usa un ramoscello rustico o dei fili per la ricerca di risorse idriche sotterranee o di minerali. Ciò che è meno noto è l'ampia portata delle sue applicazioni moderne, oltre al fatto che la rabdomanzia può essere eseguita a distanza.

Molti naturopati e un numero crescente di medici e veterinari trovano nella radiestesia un utile ausilio diagnostico. Tuttavia, in America, dove la radiestesia medica è disapprovata, l'applicazione della radiestesia/radionica all'agricoltura è diventata molto più popolare negli ultimi anni. Per un agricoltore 'energetico' che desidera un metodo semplice per verificare le energie di un luogo o le esigenze di una coltura, la rabdomanzia può essere uno strumento prezioso.

La rabdomanzia sfrutta la nostra intuizione, il nostro istinto. Tutti noi sperimentiamo l'intuizione, ma per essere utili dobbiamo gestire le sue comunicazioni, spesso simboliche e misteriose. La radiestesia fornisce un semplice sistema di decodifica e consente di attivare l'intuizione. Offre una chiave per l'autosviluppo psichico controllato e aiuta a creare una connessione con il proprio sé superiore. Questo miglioramento di sé è probabilmente il miglior tesoro che ogni radiestesista possa ottenere.

La radiestesia sfrutta anche la nostra naturale capacità di percepire una vasta gamma di energie elettro-magnetiche, da quelle del corpo e della Terra alle radiazioni provenienti da fonti artificiali. Il mondo dell'alta tecnologia è un campo minato in termini di radiazioni emesse.

> Albert Einstein scrisse: "*So bene che molti scienziati considerano la rabdomanzia, come l'astrologia, un tipo di antica superstizione. Secondo la mia convinzione, però, questo è ingiustificato. La bacchetta da rabdomante è un semplice strumento che mostra la reazione del sistema nervoso umano a certi fattori che al momento ci sono sconosciuti*". [1]

Come funziona la radiestesia?

Una persona che ha avuto una buona risposta a questa domanda è stato il professore francese Yves Rocard, che ha studiato la ricezione magnetica e la meccanica della rabdomanzia, con grande scherno dei suoi colleghi. Quando l'articolo di Rocard New Light on Magnetic Healing and the Action of the Dowsing Pendulum (Nuova luce sulla guarigione magnetica e sull'azione del pendolo radiestesico) fu pubblicato su La Recherche (equivalente a Scientific American) nel gennaio 1984, si aprì il primo spiraglio di accettazione nei circoli scientifici Francesi.

Rocard, capo del laboratorio di fisica dell'Ecole Normale di Parigi e autore di The Dowser's Signal (Il segnale del radiestesista) nel 1964, raccontò della scoperta di recettori magnetici nel corpo. Minuscoli cristalli di magnetite sono stati trovati raggruppati nelle creste delle sopracciglia, nelle ghiandole surrenali e in alcune articolazioni delle vertebre. Questi, sostiene, sono recettori cruciali nella risposta radiestesica, responsabili del 'sesto senso'.[2]

Altri scienziati hanno documentato la presenza di piccoli cristalli di magnetite nella testa e nel corpo di batteri, api, piccioni viaggiatori e pesci. Secondo una ricerca dell'Università della California, anche le balene e i delfini utilizzano questi recettori per la loro sopravvivenza. Le informazioni geomagnetiche confrontate con le registrazioni computerizzate degli avvistamenti di cetacei hanno dimostrato che, su lunghe distanze, questi animali preferiscono viaggiare lungo le depressioni magnetiche che corrono per grandi distanze da nord a sud lungo il fondo dell'oceano. È più probabile che gli arenamenti avvengano in corrispondenza dei punti di minimo magnetico.

Vivere sullo sfondo del campo magnetico terrestre sembra anche stabilizzare il senso umano della direzione e del tempo. Senza la sua influenza, l'equilibrio del nostro corpo è disturbato. Il calcio, ad esempio, viene perso dal corpo, soprattutto dai muscoli, come il cuore. Questo è accaduto nei primi voli spaziali con equipaggio, dopo i quali sono stati installati generatori magnetici a basso livello (e anche di risonanza Schumann) per simulare il campo terrestre.

Gli esseri umani sono intrinsecamente sensibili alle radiazioni elettromagnetiche in misura variabile. Un'eccessiva sensibilità alle EMR può causare malattie, perché, sebbene il magnetismo abbia applicazioni benefiche nella guarigione, un'esposizione eccessiva ad alcune frequenze può essere letale. Ad esempio, nel Regno Unito il dottor Cyril Smith dell'Università di Salford ha studiato i problemi di salute cronica delle persone nel villaggio di Fishpond, nel Dorset, dove le linee elettriche ad alta tensione sono a ridosso della città. Ha scoperto che il villaggio era immerso in un campo di campi elettromagnetici e che le persone sviluppavano reazioni allergiche, mal di testa, stanchezza, insonnia, depressione, flash davanti agli occhi e svenimenti.

Più recentemente, alcuni studi scientifici condotti a Bristol hanno individuato il meccanismo per cui gli alti tassi di cancro ai polmoni tra chi vive vicino alle linee elettriche ad alta tensione potrebbero essere spiegati come conseguenza del fatto che le particelle di inquinamento atmosferico diventano più 'appiccicose' all'interno dei campi EMR e forniscono dosi molto più elevate quando vengono respirate. Per i loro sforzi in questo campo di ricerca, mi è stato detto quando ho visitato Bristol per tenere una conferenza nel 2006, i ricercatori di Bristol hanno perso il lavoro.

L'arte dei radiestesisti

La rabdomanzia può essere spiegata in termini di interazione energetica. Tutta la materia contiene elettroni in movimento e quindi irradia un debole campo di energia elettromagnetica. La radiestesia ci permette di rilevare la firma energetica individuale di un oggetto scelto. La scienza moderna ha ribattezzato questa antica arte con il nome di metodo della biorisonanza.

Concentrandosi mentalmente su un oggetto ('sintonizzandosi' su di esso), con mezzi quali la visualizzazione, il radiestesista entra in risonanza con esso. Quando l'oggetto viene successivamente rilevato, questa risonanza trasmette informazioni attraverso le ghiandole pineali e surrenali, sensibili alle radiazioni elettromagnetiche, ai muscoli coinvolti nello strumento di rabdomanzia, provocando una contrazione muscolare involontaria. Lo strumento radiestesico risponde così, nel caso di un bastone biforcuto, spesso con torsioni e rotazioni così forti da lacerare la pelle delle mani.

> "La bacchetta o il pendolo sono un dispositivo di lettura di uno stato mentale in risonanza con la forma d'onda dell'obiettivo desiderato". [3]

La rabdomanzia può essere spiegata in termini di interazione energetica. Tutta la materia contiene elettroni in movimento e quindi irradia un debole campo di energia elettromagnetica. La radiestesia ci permette di rilevare la firma energetica individuale di un oggetto scelto. La scienza moderna ha ribattezzato questa antica arte con il nome di metodo della biorisonanza.

Concentrandosi mentalmente su un oggetto ('sintonizzandosi' su di esso), con mezzi quali la visualizzazione, il radiestesista entra in risonanza con esso. Quando l'oggetto viene successivamente rilevato, questa risonanza trasmette informazioni attraverso le ghiandole pineali e surrenali, sensibili alle radiazioni elettromagnetiche, ai muscoli coinvolti nello strumento di rabdomanzia, provocando una contrazione muscolare involontaria. Lo strumento radiestesico risponde così, nel caso di un bastone biforcuto, spesso con torsioni e rotazioni così forti da lacerare la pelle delle mani.

I radiestesisti si accorgono di non riuscire a scavare facilmente in un ambiente ad alta emissione di radiazioni elettromagnetiche. Gli ambienti rurali e oceanici, invece, possono essere migliori, anche se oggi è difficile trovare luoghi privi di EMR. Il periodo di luna calante, con meno radiazioni lunari, è tradizionalmente considerato il più appropriato per la divinazione; alcuni radiestesisti riferiscono di avere vertigini e di non riuscire a fare la rabdomanzia quando la luna o il sole stanno tramontando. A mezzogiorno, quando la radiazione solare è massima, si dice che la capacità di rabdomanzia si affievolisca. Rocard riferisce che di solito i radiestesisti non si trovano all'equatore magnetico. Forse perché dove si incontrano i campi magnetici nord e sud della Terra potrebbe esserci una zona di energia neutra, come quella che si trova in un magnete. (Personalmente non ho avuto problemi a fare rabdomanzia intorno all'equatore in Asia, né a insegnare agli studenti a farne uso lì).

Altri fattori che, secondo quanto riportato, inibiscono la capacità di rabdomanzia sono la presenza di ioni positivi (comuni nell'atmosfera degli ambienti artificiali), le malattie, il cattivo umore, l'intossicazione, gli spettatori scettici e l'uso di anelli, orologi e metalli. Non tutti i radiestesisti, però, sono influenzati da questi fattori.

Praticamente chiunque può diventare un rabdomante, soprattutto se è disposto a eliminare le barriere del condizionamento mentale e a imparare a percepire attraverso il bambino che è dentro di sé. In questo modo si può sperimentare la vita di nuovo, contattando direttamente il suo potere e il suo mistero. I radiestesisti hanno semplicemente potenziato la loro sensibilità naturale con l'allenamento e la pratica.

> *"Le bacchette da rabdomante non trovano da sole i tesori.*
> *Le bacchette magiche si muovono solo in mani sensibili".* Goethe

Radiestesia e onde cerebrali

Gli scienziati hanno acquisito conoscenze sulla natura degli stati alterati di consapevolezza studiando i modelli delle onde cerebrali con l'elettroencefalogramma. L'EEG registra i ritmi cerebrali in sole quattro frequenze - onde Alfa, Beta, Theta e Delta - che prendono il nome dalla cronologia in cui ciascuna è stata identificata.

Le prime a essere scoperte, le onde Alfa, con una frequenza di 8-13 Hertz, o cicli al secondo, sono associate a uno stato pacifico e meditativo. Le onde Beta, le più veloci, hanno una frequenza compresa tra 13 e 30 Hz e caratterizzano la normale attività di veglia. Le onde Theta, a 4-7 Hz, sono associate ai sogni lucidi, all'ispirazione, alle fantasticherie spirituali, all'accesso alla mente inconscia e all'aumento della creatività e della capacità di autoguarigione. Le onde Delta, da 0 a 4 Hz, sono tipiche del sonno profondo, dell'incoscienza e della mente che si spinge lontano nella meditazione profonda.

Le onde cerebrali di alcuni yogi e sensitivi non vengono nemmeno registrate sull'EEG, presumibilmente perché operano a frequenze diverse dalla norma. Gli scienziati russi hanno anche scoperto una nuova frequenza cerebrale molto rapida, chiamata 'ultra-theta', che secondo loro può fare il giro del mondo in pochi secondi e forse funge da onda portante per le comunicazioni telepatiche.

Versione sofisticata dell'EEG, il Mind Mirror registra l'azione di entrambi gli emisferi cerebrali contemporaneamente. Per sei anni Maxwell Cade, il suo ideatore, ha utilizzato il Mind Mirror per testare oltre 3.000 persone, tra cui yogi, sensitivi, meditatori e guaritori psichici. Scoprì che a diversi stati mentali corrispondono diversi modelli di onde cerebrali. Cade rimase affascinato da quello che chiamò schema del 'Quinto Stato', associato alla consapevolezza lucida, alla coscienza cosmica, all'illuminazione, al nirbikalpa samadhi ecc. È caratterizzato da un uso simmetrico dei due emisferi cerebrali e da un'attività in tutte le frequenze cerebrali, tranne quella delta. Nei rari individui che mantengono questo stato in modo costante, questi hanno in comune una vita di gioia, una profonda gratitudine per il fatto di essere vivi e la preoccupazione per il benessere degli altri.

Gli studi condotti con l'EEG rivelano che quando un guaritore psichico sta 'curando mostra il Quinto Stato. Questo stato viene poi indotto nel cervello del soggetto che normalmente non ne è capace. La capacità di guarigione di una persona è correlata all'ampiezza, alla simmetria e, soprattutto, alla stabilità di questo Quinto Stato.[4]

La dottoressa Edith Jurka ha testato molti rabdomanti di talento con il Mind Mirror e ha scoperto che mostravano un modello di onde cerebrali simile al Quinto Stato. La differenza è che i radiestesisti hanno un'attività beta maggiore (dovuta all'intensa concentrazione) e anche un'elevata ampiezza delta (che indica un modello di ricerca). Alcuni maestri radiestesisti sono in grado di mantenere questo stato costantemente. Secondo Jurka:
"La radiestesia è un'espansione della consapevolezza lucida, in sostanza
- una familiarità nella comunicazione con l'Intelligenza Universale".
La padronanza degli stati alterati è foriera di una nuova era dell'intelligenza, in cui la saggezza deriva dal pensiero che fonde razionalità e intuizione. Secondo il dottor Jurka: *"La simmetria cerebrale bilaterale è centrale*
per il controllo della salute in generale". [5]

Possiamo raggiungere un maggiore benessere se siamo mentalmente equilibrati e se sfruttiamo la nostra mente intuitiva. È facile, se scegliamo di sperimentare la realizzazione dell'unità, essere sensibili alla vita e aprirci ai misteri dell'universo. La radiestesia è un meraviglioso esercizio di pensiero e di percezione olistica che può portare molti benefici personali e ambientali.

La radiestesia con il pendolo

Il pendolo è lo strumento che scelgo per la radiestesia. È facile da portare con sé e può essere indossato come ciondolo, per una maggiore accessibilità e discrezione. Se si tratta di un tipo particolare di pietra o cristallo, si possono ottenere anche benefici tenendolo a contatto con il corpo.

Le rotazioni e le oscillazioni del pendolo possono essere utilizzate per trasmettere le risposte alle domande, esercitandosi finché il sistema non si radica nella mente subconscia. Alla fine l'intuizione avrà libero sfogo, perché il pendolo apre le strade.

Cosa usare come pendolo? Andrà bene qualsiasi piccolo oggetto di forma tondeggiante o a forma di lacrima in grado di essere attaccato a un filo e di pendere dritto. Può trattarsi di un baccello di semi, di un bastoncino di legno o di un ciondolo di pietra. Alcuni giardinieri sono conosciuti per aver utilizzato un ravanello e averlo fatto penzolare da uno spago da giardino! Anche una bustina di tè inzuppata può funzionare!

Un cristallo di quarzo, fissato con argento, rame o oro (poiché questi metalli sono buoni conduttori di energia sottile) è l'ideale. Ma anche un filo di cotone va bene. I miei preferiti sono i pendoli fatti con pezzi di granito rosa e di basalto, pietre che impartiscono energie paramagnetiche a chi le indossa e sono anche eccellenti per la radiestesia energetica.

Pendoli di cristallo

Il cristallo di quarzo ha la straordinaria capacità di focalizzare, amplificare, trasmutare, immagazzinare e canalizzare le energie, oltre a sensibilizzare la consapevolezza psichica delle persone. Il quarzo può creare un collegamento tra il nostro mondo e i regni invisibili. È stato a lungo utilizzato in tutto il mondo per la divinazione e la guarigione. Nell'antica leggenda degli indiani Hopi, il cristallo di quarzo, capo della tribù dei minerali, diceva -

"Aiuterò gli esseri umani a vedere l'origine delle malattie. Guarirò la mente. Aiuterò a portare saggezza e chiarezza nei sogni".

Oggi molte persone usano i cristalli per stimolare la loro coscienza, per intensificare la meditazione, per il bilanciamento dell'energia personale, per la guarigione della Terra e per altri scopi. Oggi si può scelgiere tra una vasta gamma di prodotti. (Purtroppo la maggior parte di essi è stata estratta a costi elevati per l'ambiente e in modo brutale, traumatizzando i cristalli).

Quando acquistate un pendolo di cristallo, lasciate che sia la mente intuitiva a scegliere qual è il migliore. Prendete quella che vi colpisce alla prima impressione, oppure utilizzate un altro pendolo per selezionarne una. Evitate il cristallo artificiale che viene spesso venduto. Questi si riconoscono per gli effetti esagerati dei colori dell'arcobaleno e per le bolle d'aria che sono generalmente evidenti. È bene sperimentare con cristalli autentici e naturali, evitando quelli troppo intagliati e lucidati.

Il cristallo di quarzo chiaro canalizza una forte energia yang ed è una buona scelta. Tuttavia, troppa energia yang può stimolare eccessivamente un radiestesista sensibile, per cui è meglio non indossare sempre il quarzo chiaro. Una scelta migliore potrebbe essere un cristallo opaco di tipo yin. Questo tipo di cristallo può aiutare a sviluppare i poteri intuitivi. Meditate tenendolo nella mano sinistra come aiuto per l'intuizione. Il quarzo ametista è viola, un colore che combina le qualità yin e yang. Ha una capacità particolarmente buona di equilibrare e armonizzare le energie ed è uno dei preferiti dai geomanti. Il quarzo fumé, di colore tra il marrone e il nero, tende a influenzare il corpo astrale (emozionale), aiutando ad allontanare la negatività. Altre gemme adatte ai pendoli sono la pietra di luna, la lazurite, il peridoto e lo zircone.

Dopo aver acquistato un nuovo pendolo di cristallo, potete 'consacrarlo' per l'uso personale. Potreste tenerlo vicino al cuore e visualizzare l'amorevole energia dorata che si riversa in esso. Chiedete se vi aiuterà nel vostro lavoro di radiestesia e ringraziatelo quando avrete finito. Di tanto in tanto dovrete ripulire il cristallo da qualsiasi negatività acquisita. Questo può essere fatto lavandolo sotto l'acqua corrente per qualche minuto, lasciandolo alla luce della luna piena o semplicemente con la forza della mente. Tenete in mano il cristallo e visualizzate un processo di pulizia, immaginando di tenerlo sotto una cascata o sotto le onde, o come per pulire una lavagna.

Quando fare la rabdomanzia

Eseguite la rabdomanzia solo quando vi sembra il momento giusto e lo stato d'animo è congeniale. Prima di iniziare la radiestesia, assicuratevi di essere rilassati e a vostro agio, senza distrarvi. Mettetevi in uno stato mentale di concentrazione passiva e di calmo distacco dal processo, senza che pensieri condizionati o velleitari interferiscano. Sperimentate il sottile e il misterioso con occhi nuovi! Un periodo iniziale di meditazione o di autoipnosi può essere utile per rallentare la mente analitica.

Come iniziare

Iniziate con una corda di circa 20 cm, avvolta saldamente intorno al dito indice della mano dominante. Date una piccola spinta al pendolo finché non oscilla facilmente su e giù, lontano e verso di voi. Questo movimento oscillante è chiamato posizione 'neutra' e viene utilizzato per far partire il pendolo, indica anche risposte intermedie o come indicazione di 'non so'.

Inizialmente si può usare la forza del pensiero per dirigere i movimenti del pendolo. Imparate a far ruotare il pendolo oscillante in una direzione, a tornare in posizione neutra, a ruotare nell'altra direzione e a tornare in posizione neutra. Esercitatevi più volte con questi movimenti, finché non diventano fluidi e senza sforzo. Quando i movimenti rallentano, date una piccola spinta al pendolo mentre oscilla.

Se non succede nulla, non preoccupatevi e non sforzatevi troppo. Riponete il pendolo e provate un'altra volta. A volte un rabdomante esperto può aiutarvi toccandovi sulla spalla o sul polso (della mano del rabdomante) mentre entrambi provate a farlo ruotare.

Se non siete ancora sicuri della polarità della radiestesia, provate a far oscillare il pendolo, in oscillazione, sui terminali di una pila a stilo, chiedendo una rotazione. Notate in quale direzione ruota su ciascun terminale della pila, come indicazione di quali dovrebbero essere le vostre risposte positive e negative. In generale, i destrimani ottengono una rotazione in senso orario per il positivo e in senso antiorario per il negativo; i mancini rispondono viceversa. La polarità positiva corrisponde alle qualità maschili, yang e al 'sì', mentre quella negativa corrisponde all'energia femminile, yin e al 'no'.

È meglio scegliere domande chiare e non ambigue per la risoluzione di problemi reali e, inizialmente, esperimenti che possano fornire un feedback immediato. Ripetere successivamente la domanda tante volte non è opportuno, perché i processi intuitivi tendono a svanire quando ci si annoia.

Un sì o un no debole o vacillante può indicare la necessità di riformulare la domanda o che non è il momento giusto per la radiestesia. Iniziate una sessione di radiestesia chiedendo se il momento è adatto, se la domanda è appropriata o se avete il permesso di conoscere la risposta.

Ricontrollate i risultati in un secondo momento. Non abbiate fretta ed è meglio non fare la radiestesia per più di dieci minuti alla volta. È piuttosto faticoso, a causa dell'intensa concentrazione che comporta. La rabdomanzia può stressare! Negli ultimi anni molti rabdomanti famosi sono morti prematuramente, forse a causa dell'eccessivo lavoro di rabdomanzia.

Utilizzo di campioni

Quando si cerca qualcosa, i principianti possono avere bisogno di prenderne fisicamente un campione per sentirsi meglio in sintonia con il compito. Ad esempio, una serie di campioni di ammendanti del terreno. Alcuni radiestesisti chiamano questi campioni 'testimoni'. Il testimone di una persona agisce come un legame permanente, indipendentemente dalla distanza o dal momento in cui il testimone è stato preso. Si può anche praticare la radiestesia sanitaria a distanza con i testimoni e controllare regolarmente il progresso della guarigione da lontano.

Il pendolo viene fatto oscillare sul campione mentre si pongono le domande, oppure può essere tenuto nella mano libera mentre si effettua la radiestesia con l'altra. Alcuni usano un pendolo cavo che contiene i testimoni.

La radiestesia alimentare è un buon modo per acquisire familiarità con il pendolo e i campioni. I campioni di cibo possono essere controllati per verificare l'autocompatibilità sia a casa che in negozio prima dell'acquisto. Si tratta di una tecnica di base: stabilire l'armonia o la disarmonia tra ogni genere di cose, ponendo domande che possono dare risposte affermative o negative. Lo stesso principio può essere applicato in giardino, ad esempio con la selezione di piante compagne. Si possono porre domande semplici come: *"Questo arbusto che voglio piantare fuori si troverà bene sotto questo albero?"*

Grafico radiestesico

Dopo un po' di pratica, la capacità di visualizzare o concettualizzare qualcosa può sostituire la presenza di campioni fisici. Basta scrivere il nome della cosa, della persona o del concetto su un foglio di carta e fare la radiestesia su quello. Gruppi di nomi correlati possono essere disposti insieme come una carta radiestesica.

I diagrammi possono essere semplici elenchi o parole disposte a forma di semicerchio (ventaglio). Finché non si acquisisce familiarità con il diagramma a ventaglio, lo si legge mentalmente, parola per parola. Quando si è più esperti, il pendolo oscillerà inizialmente sulla metà della linea di base, poi modificherà gradualmente il suo angolo di oscillazione per puntare alla parola appropriata. Un normale elenco di cose è comunque molto più facile da interpretare! Dopo un po' di pratica, la capacità di visualizzare o concettualizzare qualcosa può sostituire la presenza di campioni fisici. Basta scrivere il nome della cosa, della persona o del concetto su un foglio di carta e fare la radiestesia su quello. Gruppi di nomi correlati possono essere disposti insieme come una carta radiestesica.

I diagrammi possono essere semplici elenchi o parole disposte a forma di semicerchio (ventaglio). Finché non si acquisisce familiarità con il diagramma a ventaglio, lo si legge mentalmente, parola per parola. Quando si è più esperti, il pendolo oscillerà inizialmente sulla metà della linea di base, poi modificherà gradualmente il suo angolo di oscillazione per puntare alla parola appropriata. Un normale elenco di cose è comunque molto più facile da interpretare!

Misurazione

Quando si trova o si analizza qualcosa, il numero di rotazioni che si verificano prima della ripresa delle oscillazioni può essere contato come misura dell'intensità. Questa tecnica è nota come 'ricerca del numero di serie'.

Per una maggiore efficienza, si potrebbe pre-programmare il pendolo in modo che dia un numero di rotazioni su dieci o venti e utilizzare la cifra risultante per l'analisi comparativa, ad esempio per la selezione di semi e piante.

La tecnica può anche essere applicata utilmente alla radiestesia sanitaria. Per esempio, si può pendolare su una pianta malata per ottenere un'indicazione dei livelli di vitalità chiedendo un numero di serie, che potrebbe poi essere controllato regolarmente per monitorare malattie e guarigioni.

Un'altra tecnica di misurazione utilizza un semplice righello. Prendendo l'estremità superiore per rappresentare il picco di salute e l'altra estremità per rappresentare lo scenario peggiore, si scorre verso il basso dall'alto con l'indice libero e il pendolo oscillante, fino a quando le rotazioni iniziano in un determinato punto. Oppure, se il punto centrale del righello rappresenta le energie equilibrate o la salute, il numero rabdomantico può indicare il grado di deviazione dall'optimum, in condizioni di carenza o eccesso, yin o yang.

Metodo dei tassi

Prima di iniziare la rabdomanzia, è sempre necessario avere chiarezza mentale e concentrazione. Si può creare un rapido rituale di sintonizzazione mentale modificando la lunghezza della corda del pendolo. Mentre il pendolo oscilla in posizione neutra, ci si concentra mentalmente sull'oggetto bersaglio e si accorcia lentamente l'intera lunghezza della corda fino all'inizio della rotazione. A questo punto la corda viene avvolta saldamente intorno al dito e il pendolo ruoterà solo quando incontrerà l'oggetto dell'esercizio (sia esso fisico, astratto o concettuale).

Un esempio di applicazione di questo metodo potrebbe essere l'analisi di un campione d'acqua. Invece di far oscillare il pendolo in posizione neutra durante una serie di domande, ci si sintonizza individualmente su ogni sostanza da analizzare, trovando prima il suo livello in acqua.

Con questa tecnica di codifica si possono cercare le cose in modo più metodico. T. C. Lethbridge inventò il Metodo dei Tassi e applicò valori fissi ai livelli individuati da lui, affermando che anche gli altri avrebbero dovuto ottenere i suoi stessi valori. Si scoprì che i tassi cambiano nel tempo e che persone diverse trovano naturalmente tassi diversi per le cose, occorre pertanto un approccio più flessibile. La radiestesia è un'arte e non è adatta a regole rigide!

Il tempo

Non siate limitati dal tempo presente quando fate la radiestesia. Fate un salto indietro nel tempo e indagate sul passato. Oppure proiettatevi mentalmente nel futuro. Nel tempo futuro, a quanto pare, ci sono meno interferenze psichiche! Se dovete verificare una scala temporale, iniziate con un'ampia gamma di tempi e poi restringete le possibilità. Ad esempio, chiedete: "*È successo nell'ultimo mezzo secolo?*", "*È successo più di 30 anni fa?*". "*Era tra i 40 e i 50 anni fa?*" ecc.

La rabdomanzia senza strumenti

Esistono molti riflessi corporei che possono essere sviluppati per indicare una risposta radiestesica. Possono essere mal di stomaco, tensione muscolare, tic, pulsazioni lungo i meridiani, sbadigli e persino singhiozzi. L'intero corpo può oscillare da un lato all'altro. Oppure si può avvertire una sensazione di formicolio alle dita o alle mani.

L'indice può essere puntato verso il bersaglio, oppure le mani possono essere tenute davanti a sé con i palmi rivolti verso l'esterno o verso il basso. Il pollice e l'indice possono anche essere sfregati insieme, fino a quando una sensazione di ruvidità denota la risposta. Si tratta di una sensazione simile alla reazione 'a bastone' del cuscinetto di gomma di alcuni dispositivi radionici.

La rabdomanzia è stata registrata per la prima volta da un ecclesiastico del XVIII secolo, Daniel Wilson, che scoprì di battere spontaneamente le palpebre quando si trovava su acqua sotterranea. Applicò poi la tecnica per porre domande e il suo battito di ciglia indicava sempre la risposta 'sì'.

Una radiestesista scoprì che fissando una lampada quando poneva delle domande, questa oscillava in avanti e indietro per il sì e da sinistra a destra per il no. Questi esempi indicano la canalizzazione dell'energia attraverso gli occhi Come dice il rabdomante e scrittore inglese Tom Graves -

"Una delle cose più importanti che si possono imparare nella radiestesia è che l'obiettivo non è - come nelle scienze più convenzionali - costruire stampelle sempre più grandi e complicate, ma piuttosto andare verso la semplicità assoluta. E cosa c'è di più semplice che usare se stessi?"

La rabdomanzia energetica

La forza vitale (nota anche come ch'i, orgone, prana, forza odica, vril, ecc.) può essere letta dal pendolo. Ci si sintonizza mentalmente sul tipo di energia ricercata, quindi si fa oscillare il pendolo in posizione neutra prima di cercare l'energia. La mano libera può essere usata per indicare il punto in cui si sta cercando, agendo come l'asta angolare dei rabdomanti. Se e quando il pendolo inizia a ruotare, indicando che è stata raggiunta la risonanza, l'angolo e la velocità delle rotazioni daranno anche un'indicazione della misura della forza coinvolta.

Nella rabdomanzia senza dispositivi per la ricerca di energie, il palmo della mano tesa può essere educato a un alto grado di sensibilità, in modo che la scansione con il palmo dia varie sensazioni quando rileva le energie, sia in prossimità del bersaglio, sia a distanza.

Scarsi risultati
Gli scarsi risultati possono essere causati da un atteggiamento negativo del rabdomante o di qualcuno vicino; dall'incapacità di passare a uno stato di coscienza appropriato o di concentrarsi; dalla fretta; dalla stanchezza; dalla mancanza di fiducia o di familiarità con il soggetto; da pensieri preconcetti; dalla mancanza di entusiasmo; da domande non etiche o vaghe e dalla mancanza del permesso di sapere. Lo scetticismo degli osservatori è un altro noto ostacolo al successo della radiestesia. Anche l'aspettativa di un beneficio personale per il radiestesista può compromettere i risultati.

Gli schemi eterici spettrali lasciati dagli oggetti, chiamati 'rimanenza', e le 'forme pensiero' vaganti (proiezioni mentali) possono confondere la rabdomanzia. Questi possono essere dissipati mentalmente, ad esempio visualizzando un potente raggio laser emanato dal palmo della mano e diretto verso l'area problematica.

È fondamentale porre la domanda giusta. Potrebbe essere necessario ricavarla in modo intuitivo. Più si conosce un argomento, meglio si è attrezzati per porre la domanda giusta. Tuttavia, l'intuizione può trionfare sull'ignoranza!

Radiestesia e analisi del terreno
La radiestesia può essere uno strumento meraviglioso per aiutare l'agricoltore e il giardiniere. Si può verificare la vitalità dei semi. La compatibilità tra terreno e piante può essere determinata ponendo campioni distanti mezzo metro l'uno dall'altro su un foglio di carta e pendolando tra di essi. Posizionando piccoli campioni di fertilizzanti in un terzo punto rispetto ai campioni, creando una disposizione triangolare, si può cercare la corrispondenza migliore. In alternativa, portate un campione di terreno al vivaio locale e usatelo per verificarne la compatibilità.

I gradi di salute del suolo o i livelli di minerali, in carenza e in eccesso, possono essere rilevati anche con un testimone del suolo e una scala graduata, come quella a sinistra. Questa tabella può anche consentire di misurare l'idoneità di eventuali additivi per il terreno controllando un gruppo di campioni fisici o semplicemente un elenco scritto di prodotti per il terreno. Altrimenti, provate a fare una rabdomanzia

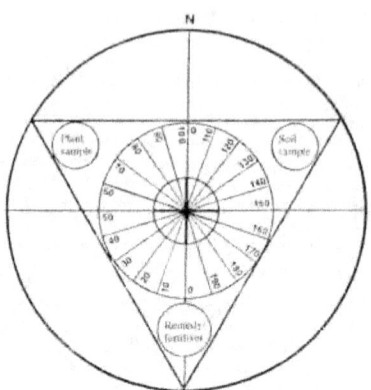

Test del terreno tramite rabdomanzia: posizionare i campioni nel punto indicato nella tabella precedente e far oscillare il pendolo sulla linea centrale verticale. Le deviazioni dell'angolo di oscillazione, a sinistra o a destra, possono indicare gradi di compatibilità, oppure carenze ed eccessi.

su un catalogo di prodotti.

Tuttavia, non sono convinto che un approccio riduzionista sia il migliore per risolvere i problemi del suolo. Quando alcuni elementi sono carenti nel terreno, di solito è meglio applicarli, se possibile, sotto forma di compost o di spray naturali, piuttosto che come singoli additivi. In questo modo il terreno può essere in grado di riequilibrarsi naturalmente. Secondo Rudolph Steiner e altri, i batteri del suolo agiscono come alchimisti del giardino. Se alcuni elementi sono carenti, i batteri possono avere la capacità di trasmutare gli elementi in quelli necessari per l'equilibrio.

Un'altra applicazione della radiestesia in giardino è quella di selezionare le affinità tra alcune piante, per ottenere il successo della piantagione in sinergia e la compatibilità tra le specie vegetali. Quando si pianta, è bene fare la rabdomanzia se il luogo è adatto, perché le zone geopatiche, ad esempio, possono bloccare la crescita di alcune specie.

La storia di Ralph Thomas

Il più famoso rabdomante della Tasmania è stato Ralph Thomas di Leith, sulla costa settentrionale. La specialità di Ralph era l'analisi del suolo. Era in grado di determinare la composizione del suolo, quali elementi erano disponibili per le piante e quali erano 'bloccati', quelli necessari per la crescita di determinate colture e in quale quantità. Il suo metodo consisteva nello spargere sul terreno settanta bottiglie di varie sostanze nutritive tenendo in una mano un campione di coltura e di terreno. Utilizzando un'asta a Y, poi, faceva rabdomanzia sui flaconi per individuare quali fossero necessari, consigliando così ai clienti dell'assicurazione per cui lavorava i prodotti di cui avevano bisogno in campo. In breve tempo si diffuse la voce dei suoi successi e fu molto richiesto. Abbandonò il lavoro di assicuratore e si dedicò alla rabdomanzia professionale a due sterline e due scellini all'ora. Analizzò i terreni in tutta la Tasmania e nel resto dell'Australia, recandosi due volte in Inghilterra per tenere conferenze alla

Società Britannica dei Radiestesisti, scrivendo anche articoli per la loro rivista e vincendo un premio per il suo lavoro.

Un agricoltore inglese del Cheshire, che aveva difficoltà a coltivare, inviò a Ralph una pianta in scala della fattoria, sulla quale passò la sua bacchetta da rabdomante. In questo modo determinò a distanza le carenze del terreno e i rimedi. Utilizzò e consigliò anche 'bobine radiestesiche' di filo di rame posizionate strategicamente intorno alla fattoria per migliorare le energie. Di conseguenza, la fattoria fiorì.

Ralph era appassionato di coltivazione biologica e ha aiutato a gestire un affollato stand dedicato alle analisi del suolo ai festival dell'agricoltura biologica del 1978 e del 1979. Era in anticipo sui tempi nel sostenere la salute del suolo come prerequisito per una vita sana. Fin dall'inizio ha praticato la divinazione della salute, credendo che la malattia possa essere misurata nella vitalità di un organo. Sceglieva i farmaci per ripristinare l'equilibrio, rifiutandosi di chiamarli 'cure'. Ralph riceveva lettere da persone di tutto il mondo che chiedevano una diagnosi. Gli inviavano campioni di sangue, di capelli o di scrittura a mano da analizzare. Non comprendendo il meccanismo in atto, accettava semplicemente che funzionasse.

Ralph ha anche diagnosticato e trattato i 'raggi terrestri' nocivi (zone geopatiche), utilizzando molti dispositivi e tecniche diverse per eliminare le geopatie da case e recinti di animali. Riconoscendo che esistono anche energie terrestri benefiche, ha trovato un luogo degno di nota che faceva drizzare i capelli e dove, all'età di 92 anni, il contadino stava ancora mungendo le mucche.

Secondo lui, l'80% delle persone ha un potenziale nella rabdomanzia e incoraggiava molti a provarci, compresi alcuni apprendisti a cui era lieto di insegnare quando era convinto che il loro interesse fosse genuino. Al momento della sua morte, nel 1979, all'età di settantotto anni, teneva corsi settimanali di omeopatia per trenta persone. Una volta Ralph dichiarò:

"Forse non ho mai esaminato l'etica della radiestesia, ma ho sempre pensato che l'unica cosa sbagliata fosse quando veniva usata per cose come il gioco d'azzardo e il guadagno finanziario. Io ho a che fare con cose naturali e non sento che ci sia qualcosa di sbagliato nell'usare i miei talenti naturali. Penso che sarebbe più sbagliato se non lo facessi".

La capacità e la conoscenza di Ralph continuano nel lavoro di Ross

Henderson, che pratica l'approccio umanistico alla radiestesia instillato dal suo maestro.[6] Henderson ha riferito nel 1985 -

"Da otto anni gestisco la mia azienda agricola fondamentalmente con la radionica e la salute del bestiame e dei raccolti continua a stupirmi".

Ross formò la Ralph Thomas Radiesthetic Society subito dopo la morte del maestro, con gli studenti omeopati di Ralph, ma, come gli altri tre gruppi radiestesici della Tasmania, attualmente non è attiva.

La radiestesia nel giardino di Anne

Ann Miller, membro del gruppo di studio di Risonanza Naturale, ha descritto il suo uso del pendolo nel giardinaggio. Anne inizia sempre le sue ricerche con le domande rabdomantiche -

Posso? (sono capace?) Ho il permesso? Dovrei? (è una buona idea?)

Segue una pulizia delle proprie energie, la centratura e l'apertura al lavoro, per poi chiedere guida e protezione.

Secondo Ann per trovare il sito più appropriato per mettere a dimora una pianta in giardino, si può praticare sia la rabdomanzia direttamente nel giardino, sia utilizzare la radiestesia sulla mappa, a seconda di ciò che ti è più comodo. Ann ha anche sviluppato un approccio più 'radionico' alla radiestesia in giardino, utilizzando forme geometriche a distanza.

Il simbolo del trasmettitore di Anne Miller

Ann diffonde un programma molto dettagliato per la 'trasmissione' delle intenzioni attraverso la radiestesia, in particolare su come far crescere in salute le piante e come proteggerle da parassiti, malattie e disturbi, oltre che a chiedere per loro l'aiuto degli spiriti della natura e dei Deva locali. Questo intento viene scritto e posto tra due fogli di carta nera insieme a un'altra pagina che identifica i confini della proprietà. Sul foglio superiore è inserito lo schema di un trasmettitore. Per attivare il trasmettitore, le estremità aperte delle due linee vengono unite con una linea di matita. Per disattivarlo, si cancella la linea di matita.

In alternativa, si può usare un cristallo per accettare e trasmettere il programma. Bisogna prima chiedere al pendolo di cristallo se è adatto e se è abbastanza potente da accettare il programma e trasmetterlo. Il cristallo può essere collocato in giardino, dopo averne ricercato con la rabdomanzia la posizione più appropriata.

Creando una lista di controllo di tutti i possibili malesseri di cui può soffrire una pianta, dalle malattie alle carenze nutritive e alle condizioni del terreno, il pendolo può essere usato come strumento diagnostico. Ann suggerisce altresì di stilare un elenco di tutte le possibili modifiche del terreno per sondare con la rabdomanzia un programma di concimazione adeguato.

Per i principianti, Ann consiglia di avere dei campioni di materiali all'inizio, che possono essere conservati in piccole fiale o contenitori. L'efficacia di un programma radiestesico può poi essere testata con i campioni, testando livelli di vitalità della pianta con e senza di essi.

In alternativa ai pesticidi, Ann ha utilizzato cristalli appositamente programmati per tenere lontani i parassiti dalle sue coltivazioni. Utilizzando un cristallo di questo tipo, Ann è riuscita a tenere lontane le limacce dalle sue fragole, consentendo finalmente a lei e al marito Dave di mangiare per la prima volta le fragole coltivate in casa. [7]

Riferimenti

1 - Einstein, Albert, da una lettera a H. G. Peisach del febbraio 1946, tramite l'American Society of Dowsers Journal, maggio 1982.
2 - American Society of Dowsers Journal, maggio 1984.
3 - Ross, T Edward, American Society of Dowers Journal, febbraio 1986.
4 - Cade, Dr. Maxwell e Coxhead, Nona, *The Awakened Mind - Biofeedback and the Development of Higher States of Awareness*, Delacorte Press, New York, 1979.
5 - Jurka, Dr. Edith, *Brain Characteristics of Dowsers*, British Society of Dowsers Journal, dicembre 1983.
6 - Moore, Alanna, *Radionic Farming & Landcare in Australasia*, (2004) nella serie di film Earth Care, Earth Repair, Geomantica Films.
7 - Natural Resonance Study Group, newsletter del novembre 1999.

Capitolo 2.2   Radionica e oltre

La radionica è una modalità in cui l'analisi energetica e sanitaria, così come la salute e la guarigione, si ottengono a distanza attraverso il mezzo della radiestesia. Tutto dipende dalle capacità dell'operatore. La radionica può essere applicata alla salute umana, vegetale e animale, per cui è molto diffusa in agricoltura. Questa arte in evoluzione, nella sua forma attuale la radionica esiste da circa cento anni.

Antica radionica Maya

La radionica è in qualche modo un'eco di antiche pratiche esoteriche che sono andate in gran parte perdute con il passare del tempo. Per esempio, Christopher Bird scrisse di un misterioso sistema agricolo dell'America centrale che sia Steiner che i moderni praticanti di radionica non avrebbero avuto problemi a comprendere.[1]

L'intrepido viaggiatore Gabriel Howearth scoprì che nella giungla centroamericana vivevano popolazioni Maya che gestivano vaste fattorie, alcune grandi più di 400 acri, che prosperavano in mezzo alle erbacce e ai parassiti tropicali, secondo Bird. Queste aziende agricole in permacultura erano altamente policolturali, con molta diversità e colture intercalate. Alcuni alberi da frutta e noci, secondo le stime di Howearth, avevano più di mille anni. Howearth è entrato in confidenza con le tribù, che gli hanno mostrato tecniche sorprendenti che fondevano le conoscenze dell'astronomia/astrologia con la geomanzia e la radionica, per ottenere un perfetto controllo dei parassiti.

Il fatto che il popolo Maya abbia avuto contatti con gli Egizi molto tempo fa è stato documentato e dimostrato, e questo potrebbe contribuire a spiegare la loro conoscenza altamente evoluta e accurata, come si evince dai loro calendari di pietra. Le tecniche di disinfestazione radionica dei Maya consistevano nell'attingere a specifiche forze cosmiche al momento giusto e nel raccogliere e trasmettere queste influenze tramite piccole piramidi lungo la griglia locale delle linee energetiche terrestri.

I Maya utilizzavano piccole rappresentazioni simboliche dei pianeti, nonché glifi per le erbe infestanti o gli insetti, insieme alle piramidi per controllare i parassiti. I glifi dei parassiti erano incisi accanto al pianeta appropriato sui loro calendari. Sapevano, ad esempio, che Venere influenzava le coccinelle e Marte gli afidi. Quando i pianeti si spostavano nelle posizioni appropriate, i glifi e le ceneri dei semi delle piante infestanti venivano collocati all'interno di queste piramidi per invitare le energie planetarie a irradiare messaggi antiparassitari lungo le linee energetiche della Terra e quindi a esercitare un controllo. Se i codici Maya non fossero stati distrutti dagli ignoranti invasori europei, potremmo conoscere molto di più del loro favoloso sistema.

La radionica moderna

Nei primi anni del XX secolo un brillante medico americano, il dottor Albert Abrams, scoprì che tutta la materia irradia energia e che le onde generate possono essere rilevate nel tempo e nello spazio dai riflessi umani. Era esperto nel diagnosticare gli stati patologici ascoltando i suoni emessi percuotendo alcuni punti del corpo delle persone. Abrams si propose di ideare uno strumento che emettesse onde in grado di alterare il carattere di questi segnali, di annullare e quindi di curare le malattie.

Fu così sviluppato l'Oscilloclast, con l'aiuto di un illustre ingegnere radiofonico. Il successo fu tale che nel 1919 Abrams insegnò l'uso del suo strumento ad altri medici. Per i suoi sforzi nello sviluppo della scienza radionica, Abrams fu bollato come ciarlatano dalla mafia medica. Tra coloro che si schierarono in sua difesa c'era Sir James Barr, ex presidente della British Medical Association, che descrisse Abrams come "*il più grande genio della professione medica*".

La radionica medica fu infine bandita negli Stati Uniti, ma ottenne un'accettazione ufficiale in Gran Bretagna dove, nel 1924, purtroppo subito dopo la morte di Abrams, una commissione parlamentare d'inchiesta sulla modalità radionica le diede il via libera. In seguito fu costituita l'Associazione Radionica per regolamentarne la pratica.

Nel campo della radionica agricola, il lavoro pionieristico iniziò nel 1951, quando l'ingegnere Curtis Upton si unì all'esperto di elettronica William Knuth per sperimentare il controllo dei parassiti nei campi di cotone di Tucson, in Arizona. Utilizzando una scatola radionica delle dimensioni di una radio, una foto aerea di 1.800 ettari di cotone appartenenti a uno dei maggiori coltivatori dello Stato e un rimedio contro i parassiti del cotone, destinato ad agire in modo omeopatico, speravano di far risparmiare all'azienda 30.000 dollari all'anno di pesticidi. L'esperimento funzionò. Come bonus, la resa prevista del cotone aumentò del 25%, con un 20% in più di semina grazie all'aumento del numero di api, oltre alla quasi totale assenza di serpenti.

Approfittando del successo degli esperimenti successivi, si unirono al chimico industriale e inventore Howard Armstrong, con l'appoggio del generale Henry

M Gross, per formare una società di radionica, la UKACO Inc, che garantiva *"nessun controllo dei parassiti, nessun pagamento"*. Questo fece sì che i venditori di pesticidi venissero allontanati dagli agricoltori, e alcuni di loro eseguivano con successo i trattamenti radionici da soli. Le aziende chimiche reagirono denunciando l'UKACO come fraudolenta e fecero pressione sul Dipartimento dell'Agricoltura affinché seguisse il loro esempio. Una richiesta di brevetto fu respinta. Altri agricoltori subirono il lavaggio del cervello e credettero anch'essi che la radionica fosse fraudolenta e così l'UKACO fu costretta a cessare l'attività, tanto grande era la minaccia che rappresentava. La stessa UKACO non dichiarò mai di avere un successo del 100%, soprattutto in caso di interferenze dovute a tubi di irrigazione fermi, fili elettrici ad alta tensione, trasformatori che perdevano, recinzioni metalliche, radar o determinate condizioni del terreno.

Nello stesso periodo, il giovane ingegnere radionico americano T Galen Hieronymus ottenne ottimi risultati con i suoi dispositivi radionici. Lavorando in modo molto più discreto, la sua Hieronymus Machine ottenne il brevetto statunitense nel 1949 per il *"rilevamento di emanazioni da materiali e la misurazione dei loro volumi"* (con successivi brevetti nel Regno Unito e in Canada). In seguito dimostrò la sua grande capacità in un esperimento. Selezionando tre spighe di grano su cui stavano sgranocchiando i vermi del mais, iniziò il trattamento. Dopo aver trasmesso per dieci minuti all'ora per tre giorni, due dei vermi furono ridotti in poltiglia e il terzo morì 24 ore dopo. In soggezione per il suo potenziale letale, Hieronymus non avrebbe mai rivelato tutti i dettagli della sua invenzione fino a quando ricercatori seri e di carattere impeccabile non avessero mostrato interesse.

Anche in Inghilterra, negli anni '30, i coniugi De La Warr inventarono strumenti radionici. Trasmettevano energie curative alle piante malate e i modelli di energia radiante dei nutrienti al terreno. Nel 1954 i cavoli trattati crescevano tre volte di più della media. Un esperimento fu supervisionato dal dottor E.W. Russell del dipartimento di agricoltura dell'Università di Oxford. Una striscia di terreno fu divisa in dieci parcelle. Cinque sono state scelte a caso dal dottor Russell, fotografate prima della semina e poi trattate con radionica. Dopo tre settimane di trattamento radionico, le piantine di lattuga sono state piantate e le trasmissioni sono proseguite per altre dodici settimane, al termine delle quali il dottor Russell ha certificato la pesatura. Le lattughe trattate presentavano un maggior numero di foglie, una minore mortalità, un peso maggiore e un aumento del 32% della resa.

Nel 1956 i De La Warrs provarono a trasmettere l'energia nutrizionale a una sostanza inerte, la vermiculite, ponendone una quantità davanti all'apparecchio radionico e aggiungendola poi a una miscela di semi. Rispetto alle piante di controllo, i risultati sono stati fantastici e confermati da un'importante azienda agricola. Il raccolto di vermiculite di segale e altre piante è risultato più pesante del 186% in peso umido e le proteine sono aumentate del 270%.

L'azienda Twyford Seeds cercò di replicare questi risultati senza successo, così i De La Warrs pensarono che fosse coinvolto un fattore umano. Per verificarlo, aggiunsero della semplice vermiculite all'avena in vaso e dissero agli assistenti che era stata trattata con radionica. L'avena in questione prosperò molto meglio delle altre e, dimostrando l'effetto della mente sulla materia, i De La Warrs considerarono questo il loro esperimento più importante.

Quando si testano e si diffondono i rimedi agricoli per via radionica, si usa un negativo fotografico del giardino o del terreno agricolo come testimone. I campioni di rimedi, o i simboli che li rappresentano, vengono messi a contatto con il negativo fotografico per un certo periodo di tempo a intervalli regolari. Le energie della terra, delle piante, del bestiame e dei parassiti possono così essere riprogrammate.

Tubi Cosmicis

Al giorno d'oggi è altrettanto probabile che un agricoltore radionico utilizzi un Tubo Cosmico per trasmettere i rimedi omeopatici piuttosto che una scatola radionica. È possibile acquistare un dispositivo di questo tipo direttamente in commercio o costruirlo a partire da un progetto acquistato, ma senza un certo addestramento e una certa capacità di rabdomanzia, non funzioneranno da soli. (Anche i tralicci elettrici possono essere utilizzate come dispositivi di trasmissione radionica).

I tubi cosmici sono stati utilizzati per disintossicare ed energizzare il suolo, le colture e il cibo animale. Don Mattioda, ad esempio, ha riferito di aver avuto successo nel respingere le zanzare negli Stati Uniti e persino gli elefanti da un frutteto di palme da dattero in Malesia.

L'originale Tubo Cosmico, che consiste in un tubo in PVC dotato di un semplice circuito di cablaggio e di barattoli di vetro per contenere campioni di rimedi da diffondere, è stato inventato da Hieronymous. Un semplice circuito di resistenze e diodi con preparati biodinamici amplifica e diffonde l'energia. Hieronymous scoprì che il tubo doveva essere alto almeno 2,1 metri, per poter attingere energia al confine tra le energie terrestri e quelle cosmiche. Le energie vengono convogliate verso il basso nel terreno e quindi si ottengono raccolti migliori.

I primi modelli hanno influenzato le energie in modo così forte che le forze della Terra hanno sopraffatto le forze di fruttificazione atmosferica e ci sono state troppe malattie e parassiti. L'energia era squilibrata. La situazione è stata corretta con un progetto a due vie che permetteva di distribuire il cornoletame verso il basso e il cornosilice verso l'alto. Funzionava molto bene. Hieronymous aveva trovato un modo per distribuire i preparati biodinamici sul terreno in modo affidabile ed economico, con ampie aree facilmente raggiungibili.

"*Al giorno d'oggi*", dice l'agricoltore radionico Hugh Lovel, "*la radiodiffusione è diventata un fenomeno moderno*", con distribuzione continua attraverso il tubo cosmico del concime di corno con l'argilla di corno invernale e della silice di corno con l'argilla di corno estiva. Molti problemi agricoli sono stati risolti con questa nuova forma di biodinamica. Lovel riusciva persino a far piovere con le sue tecniche!
[2] Tuttavia, queste innovazioni hanno causato una spaccatura nel movimento biodinamico americano, con i tradizionalisti della BD che rifiutano queste pratiche.

Etica
Con l'aumento della popolarità della radionica, sono giustamente entrate nel dibattito questioni di etica e di limiti. Essere in grado di influenzare qualcosa o qualcuno a distanza significa dover mantenere una grande integrità e attenzione nel processo. Una persona etica chiede sempre il permesso, chiedendo "***Posso? Ho il permesso? Dovrei?***" prima di fare qualsiasi lavoro energetico.

L'agricoltore biodinamico Barbara Hedley sottolinea che il paesaggio naturale australiano non apprezza i rimedi biodinamici europei che gli vengono imposti, con le loro energie molto diverse. Hedley raccomanda di escludere le aree naturali non solo dalle irrorazioni BD, ma anche dalle trasmissioni radioniche. Suggerisce di rimuovere o cancellare qualsiasi area di vegetazione selvatica dalle mappe o dalle foto da utilizzare come testimoni radionici..[3]

La radionica semplificata
La radionica sviluppatasi a metà del XX secolo poneva l'accento sull'aspetto fisico della vita, con molte varianti della Radionic Box, ognuna delle quali aveva un prezzo elevato. Gli sviluppi successivi hanno spostato l'attenzione da un approccio materialistico a livelli più eterei. Ad esempio, il chiropratico inglese David Tansley introdusse i sistemi di energia eterica nei test radionici sulla salute. Le sue intuizioni furono di vasta portata.

Nella filosofia del lavoro energetico di Tansley – "*l'analisi è il trattamento*" fa seguito all'antica massima esoterica secondo cui - "*l'energia segue il pensiero*".

La scatola e i testimoni sono tutti strumenti che aiutano a focalizzare l'attenzione del guaritore e a stabilire una risonanza con il paziente, fino a facilitare energeticamente la guarigione. Nel corso del processo, i loro campi energetici personali possono unirsi e le onde cerebrali dei riceventi possono essere influenzate dal guaritore a distanza. Il paziente può così acquisire la capacità di accedere a stati mentali in cui l'autoguarigione può essere padroneggiata.

Forse i guaritori ricevono anche un aiuto per connettersi alle energie di guarigione dall'esterno, ad esempio dagli spiriti guaritori delle sorgenti sacre, dagli angeli del paesaggio o dai deva delle piante. Sospetto che l'aiuto angelico e devico spesso faciliti il nostro lavoro energetico, che ne siamo consapevoli o meno.

Oggi possiamo praticare la radionica attraverso la rabdomanzia a distanza e la trasmissione di energie di guarigione e di forme-pensiero, utilizzando semplicemente grafici, diagrammi e forme geometriche su fogli di carta per aiutare la nostra concentrazione. È vero che l'intenzione è più importante dello strumento utilizzato. La pratica radionica potrebbe quindi essere vista come un rituale, il cui scopo è accumulare e dirigere l'energia. Se è possibile praticarla senza molti oggetti materiali, allora credo che ci avviciniamo di più alla vera essenza della guarigione naturale.

Agricoltori radionici in Nuova Zelanda con una bobina agricola, in Geomantica Film: Radionic Farming and Landcare in Australasia

Riferimenti

1 - Bird, C. & Tompkins, P., *Secrets of the Soil*, Harper & Row, USA, 1989.
2 - Lovel, Hugh, *Agricultural Renewal*, Union Agriculture Institute, USA, 2000.
3 - Newsleaf, *Journal of the Biodynamic Farmers and Gardeners Association of Australia*, estate 2001.
4 - Moore, Alanna, *Dowsing and Healing*, 1987, Australia (ora definitivamente fuori catalogo).

Capitolo 2.3 Le energie delle piante

Secondo un'antica massima esoterica, 'tutto è energia'. Questo è oggi noto anche alla scienza, ma le persone sensibili, come i rabdomanti, sono sempre state un passo avanti rispetto alle conoscenze scientifiche in questo campo!

Per l'eco-giardiniere e l'agricoltore sensibile, la comprensione delle forze sottili della natura è utile per approfondire le interazioni con il paesaggio e tutte le sue forme di vita, visibili e non. La crescita delle piante può con queste energie essere migliorata.

La forza della spirale

L'energia, il tempo e lo spazio tendono a curvarsi e a seguire schemi a spirale. La natura a spirale dell'energia è molto evidente nel regno vegetale, e si vede nel dispiegarsi di una fronda di felce e nell'attorcigliarsi di una liana sul tronco di un albero. Le punte di tutti gli organi vegetali (stelo, viticcio, radice, fiore, gambo) descrivono un andamento elicoidale irregolare, chiamato dai biologi nutazione (dal latino - annuire) e da Charles Darwin 'un'oscillazione innata', come mostrato nell'illustrazione.

Il modello rabdomantico delle energie delle piante, proposto dal rabdomante americano T. Edward Ross, fa un ulteriore passo avanti. Secondo Ross tutte le piante, e ogni loro componente, sono avvolte da un cono di forza a spirale, che costituisce la sua impronta eterica. Questi coni, che hanno un angolo di 52° al loro apice, si trovano in una sequenza ascendente di quattro.

Il più basso, un cono rivolto verso il basso, circonda il sistema radicale. Il secondo, che punta verso l'alto, si appoggia su di esso da base a base, racchiudendo la parte superiore della pianta. Un altro modello di diamante energetico si trova attaccato al primo, punto a punto, per creare una formazione a doppio diamante (immagine nella pagina successiva). Quest'onda quadripartita fornisce due rotazioni contrarie, una più attiva dell'altra, per creare un certo attrito e squilibrio che serve a generare una crescita creativa. Il modello energetico (aura) esiste fin dal seme ed è facilmente localizzabile con la rabdomanzia. T.C. Lethbridge descrive coni simili che si trovano intorno alle persone.

Energie vegetali

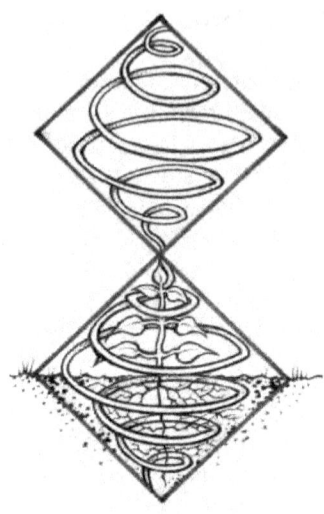

Le fotografie Kirlian dei semi mostrano la forma matura dell'aura di una pianta, e all'interno della sua forma complessiva esistono infiniti modelli energetici più piccoli. Nelle piante più vecchie questo modello energetico formativo diventa meno distinto.

È possibile rafforzare la rotazione elicoidale di una pianta per creare una risonanza perfetta con mezzi quali il suono, il colore, l'elettricità, la luce, il calore, le sostanze chimiche e la giusta nota mentale. I benefici che ne derivano sono condizioni del terreno insolitamente buone, rese vegetali di buona qualità e protezione dall'invasione di insetti e animali. Il metodo è semplice. In profonda meditazione, si visualizza un cono elicoidale di quattro parti su ogni seme, piantina e appezzamento di giardino, chiedendo il rinforzo del cono e la sua risonanza con le forme d'onda naturali del luogo e di ogni particolare varietà. È sufficiente farlo una sola volta - rimarrà attivo fino alla fine della stagione di crescita.[1]

Il 'aggio fondamentale"

I pionieri radionici De La Warrs hanno stabilito che ogni pianta vivente ha una posizione critica di rotazione (CRP) rispetto al campo magnetico terrestre. Quando i semi spuntano nel terreno, si attorcigliano fino a bloccarsi in questa CRP, contribuendo a spiegare perché le piante seminate direttamente hanno risultati migliori rispetto a quelle trapiantate.

Se trapiantate e mantenute in CRP, le piante prosperano. È facile farlo: basta sintonizzarsi mentalmente con la pianta per qualche istante. Poi ruotate lentamente il vaso della pianta mentre con l'altra mano fate la rabdomanzia a pendolo. Quando vi sarete abituati a farlo, potrete dimenticare il pendolo e limitarvi a tenere in mano il vaso e a ruotare lentamente la pianta, sentendo intuitivamente la posizione corretta. Quando si ottiene una risposta positiva, si pianta esattamente con quell'orientamento. Per me c'è una sensazione di 'appiccicosità', di non voler girare ulteriormente, quando giungo al punto giusto. È un buon esercizio di sintonizzazione.

Prima di questo concetto, i radiestesisti di vecchia data che si occupano di energie sottili hanno parlato del 'raggio fondamentale' e della 'porta d'ingresso' delle piante, che sono caratteristiche correlate della loro anatomia sottile.

Il raggio fondamentale è una parte dell'aura della pianta, una linea di energia concentrata che può essere rilevata su entrambi i lati della pianta (anche se è più forte solo su un lato, che è quello della porta d'ingresso). Il raggio fondamentale potrebbe essere paragonato all'asse verticale di energia su cui si trovano i chakra umani. Può essere percepito attraverso una scansione sensibile con i palmi delle mani tenuti a piccola distanza dal tronco dell'albero. Quando le mani vi passano sopra, si possono avvertire sensazioni come il formicolio.

Con la rabdomanzia su e giù per questa linea mediana, si trovano i due punti di intensa energia (che si trovano su un albero a tronco unico su entrambi i lati) che io chiamo i chakra dell'albero. Uno di essi può essere usato come una porta d'ingresso, un punto d'ingresso per l'energia in arrivo che può essere utile per il nostro lavoro energetico. Le bobine radiestesiche per la guarigione delle piante sono attaccate all'albero con il loro punto di partenza nella posizione della porta d'ingresso.

Il potere degli alberi
La foresta naturale ha un centro di potere sul paesaggio circostante. Gli alberi svolgono un importante ruolo ambientale, agendo come aghi di agopuntura. Sono trasmettitori di energie terrestri sotterranee, di umidità e di sostanze nutritive che vengono portate in superficie, oltre a essere antenne per la ricezione di energie cosmiche benefiche dall'alto. Come nelle risposte energetiche bidirezionali dell'agopuntura a misura d'uomo, questi intermediari tra cielo e terra stabiliscono un'omeostasi, contribuendo a mantenere la salute e il benessere dell'ambiente.

Gli alberi equilibrano il clima ed elaborano i minerali provenienti dalle profondità per fertilizzare la superficie. L'humus delle loro foglie forma uno strato isolante colloidale ricco di minerali, un filtro organico di diffusione che separa il suolo carico di negatività dall'atmosfera carica di positività. La foresta è anche la culla dell'acqua, che raccoglie e purifica.

Alcuni alberi hanno un'affinità con le persone. Secondo la tradizione europea, le querce, il sorbo, il biancospino, il faggio, il nocciolo, il melo e il salice sono molto amici delle persone. Gli alberi meno amichevoli sono il sambuco, l'olmo, il frassino, l'agrifoglio, il pino e il fico. È meglio evitare gli alberi nodosi e contorti (possono essere influenzati dalle zone geopatiche). Per individuare gli alberi amici o utili per voi stessi, preparate un elenco o un grafico a ventaglio di tutti gli alberi che crescono nella vostra zona e cercate con il pendolo i livelli di affinità tra voi e gli alberi.

Alcuni alberi possiedono qualità curative, come risulta dal colore predominante della loro aura. Questo si può dedurre dalla radiestesia con una carta dei colori. Si dice che i colori principali siano quattro. Il verde è ottimo per la guarigione generale; il blu per la meditazione, la creatività o il rilassamento; il giallo per l'apprendimento e la stimolazione mentale; il bianco per la pulizia e per scopi generali.

Quando scoprite un nuovo albero e vi avvicinate ad esso, non precipitatevi. State indietro e inviategli amore, mescolando le vostre energie. Poi avvicinatevi e anestetizzate il campo aurico dell'albero. Mi piace usare la mia mano sensibile estesa verso l'esterno per trovare il 'chakra del cuore' dell'albero, il punto energetico più forte sul raggio fondamentale e spesso al livello in cui si trovano i primi rami sul tronco. È il centro dell'intelligenza dell'albero. Qui è ideale sintonizzarsi mentalmente con l'albero e sentire le sue energie. Si può chiedere di 'vedere' il suo colore e sentire le sue forze vitali per scoprire se l'energia dell'albero corrisponde alle proprie esigenze.

Le auree verdi, ad esempio, sono ottime per gli alberi della guarigione e del parto. Le future mamme possono sviluppare una familiarità con l'albero per qualche tempo prima, comunicando amorevolmente con lui. Si svilupperà un flusso di energia bidirezionale. Al momento del parto, appoggiatevi all'albero e sentite l'influenza calmante e lenitiva del dolore.

Per la guarigione in generale, si deve sempre dare molto amore all'albero della guarigione. Abbracciando un albero, la propria aura può estendersi fino a raddoppiare le sue dimensioni dopo soli due minuti. Questo può essere molto rivitalizzante!

La radiestesista Isabel Bellamy raccomandava di appoggiare piccoli rami di alberi, scelti con la radiestesia, sulla pelle per un determinato periodo di tempo, possibilmente durante la notte, in modo da assorbire direttamente da essi le energie curative.

La comunicazione delle piante

Le piante comunicano in diversi modi. Le radici inviano messaggi chimici nel terreno che determinano se sono amichevoli o meno nei confronti della vegetazione. Alcune mantengono una territorialità ostile, con essudati radicali tossici. Grazie a questo meccanismo possono diventare erbacce rampanti e dominanti al di fuori del loro ambiente naturale.

Il fisico Americano Ed Wagner ha riferito la sua scoperta di un altro sistema di comunicazione all'inizio del 1989. Quando un albero viene tagliato, ha scoperto, gli alberi adiacenti emettono un impulso elettrico. L'albero tagliato emette un forte grido di allarme, rilevato da una sonda elettronica, e gli altri rispondono. L'autore chiama questa modalità di comunicazione 'onde W', ovvero onde stazionarie non elettromagnetiche che viaggiano a circa 1 metro al secondo attraverso gli alberi e a circa cinque volte la stessa velocità in aria. Queste onde stazionarie viaggiano continuamente su e giù per gli alberi, con una tensione che sale e scende man mano che si sale sull'albero.

Nel 2006, in Svezia, mi è stata mostrata la scoperta da parte di un rabdomante di quelle che lui chiamava 'linee di comunicazione', flussi di energia che si estendono orizzontalmente sopra il terreno tra gli alberi. Non conosceva i chakra degli alberi e si è scoperto che queste linee energetiche collegavano in realtà i chakra del cuore degli alberi!

Canto e danza

Le piante rispondono bene alla musica, soprattutto alla musica classica di Bach, alla musica barocca e alla musica sacra indiana. Cantare alle piante può avere effetti stimolanti simili. I contadini tradizionali degli Indiani Hopi lo fanno da tempo. Le sessioni di tamburi nel vivaio Men of the Trees di Perth hanno dato il massimo della crescita alle piante negli esperimenti condotti.

T.C.N. Singh ha studiato gli effetti della musica e della danza sulla crescita delle piante presso il Bihar Agricultural College in India. È emerso che i ragas Indiani e la danza (presumibilmente Indiana) intorno alle piante ne hanno migliorato la salute e i livelli di crescita.[2]

Sonic Bloom è un sistema di fertilizzazione commerciale che prevede che la musica corrispondente al coro degli uccelli all'alba, che è uno stimolante naturale della crescita, venga riprodotta sulle colture mentre viene applicato un fertilizzante fogliare. Le piante assorbono enormi quantità di fertilizzante quando sono esposte ai suoni speciali e possono crescere fino a dimensioni enormi. (Per le mie orecchie ha un suono piuttosto industriale).

Amare le piante

Poiché si è scoperto che le piante rispondono ai nostri pensieri, ai nostri sentimenti e alle nostre intenzioni, è opportuno fornire un'atmosfera positiva e amorevole di incoraggiamento alle piante di cui ci prendiamo cura. Partendo dal presupposto che tutti gli esseri viventi hanno una coscienza a cui possiamo attingere per ottenere assistenza, possiamo sviluppare una sinergia co-creativa all'interno dei nostri giardini. Il buon galateo è essenziale. Prima di potare o trapiantare, avvisate le piante delle vostre intenzioni e chiedete scusa prima e dopo aver fatto qualcosa di drastico. Per ridurre lo shock in questi momenti, annaffiate o spruzzate le piante con qualche goccia dell'essenza curativa Rescue Remedy prima e dopo il trauma. Oppure usate le mani per trasferire all'acqua un po' di energia curativa. L'imposizione delle mani o il Reiki sono tecniche di guarigione utili per aiutare le piante a riprendersi.

Luther Burbank (1849 - 1926) è stato un incredibile selezionatore di piante in America che si è guadagnato la fiducia delle sue piante parlando loro affettuosamente e suggerendo come avrebbe voluto che cambiassero certe caratteristiche. Ebbe un successo straordinario e lasciò in eredità ottocento nuove cultivar e varietà di piante (tra cui il Plumcot, la Shasta Daisy, il Freestone Peach e il Santa Rosa Plum) allevate in cinquantacinque anni di carriera. Era un personaggio misterioso che attribuiva tranquillamente il suo successo all'amorevole incoraggiamento che dava alle sue piante.

Burbank creò frutti gustosi da frutti selvatici non commestibili. Riuscì persino a strappare gli aculei a un cactus! Promettendo al cactus che l'avrebbe protetto, questo divenne privo di spine e la varietà è oggi utilizzata per l'alimentazione del bestiame. Anche la sua patata Burbank, resistente e prolifica, è ancora molto apprezzata e una sua variante naturale, la Russet Burbank, è oggi la patata più utilizzata al mondo per la lavorazione degli alimenti.[3] Burbank è un esempio lampante di come la risonanza dell'amore tra le piante e i giardini possa essere favolosamente produttiva, facendo bene sia alla terra che all'anima!

Riferimenti

1 - Ross T. E., *A Dowser's Model*, American Society of Dowsers Journal, Vol. 23, No. 2, maggio 1983.
2 - Rivista del Bihar Agricultural College, Vol. 13, No. 1.
3 - Whitman, John, *Il Potere Psichico delle Piante*, Star Book, Regno Unito, 1975.

Capitolo 2.4: Rocce per la coltivazione

Far crescere i giardini!
Gerald Makin della Tasmania non stava ottenendo risultati soddisfacenti con il giardinaggio. Ma quando scoprì la rabdomanzia lesse con grande interesse gli scritti sulle antiche culture megalitiche. Scoprì che l'ormai inospitale terreno alto di Dartmoor, nella contea inglese del Devon, un tempo aveva prodotto notevoli raccolti per sostenere l'alimentazione di una vasta popolazione. Scoprì anche che in tutto il Dartmoor sono erette rocce disposte sia in file che singolarmente.

La rabdomanzia indicò a Makin che sarebbe stato possibile aumentare la fertilità del suolo posizionando una pietra nel suo giardino. Attraverso la rabdomanzia determinò che una pietra che già aveva a disposizione sarebbe stata perfetta per lo scopo. Ha individuato la posizione della pietra sulla mappa del giardino, ne ha determinato la profondità e l'orientamento, quindi l'ha posizionata. Ha poi rilevato una linea di energia che andava dalla sua pietra a un giardino vicino, dove anche un'anziana amica della Cornovaglia aveva una pietra eretta. (Era esperta nell'antico e segreto sapere della geomanzia della Cornovaglia, di cosmologia e magia, ed è ora deceduta. Makin scrisse riguardo alle sue avventure di giardinaggio per la rivista *Dowsing News* negli anni '80.)

Le cose, tuttavia, non iniziarono a essere evidenti finché non furono erette altre pietre e le linee energetiche attraversarono l'intero giardino di mezzo acro. A quel punto la pietra originale irradiava una trentina di linee energetiche, mentre una spirale energetica/vortice terrestre che si era formata attorno ad essa riempiva l'intero giardino. Accanto a ciascuna aiuola pose una piccola pietra, più di trenta in tutto, per trasportare e trasmettere il ch'i (l'energia sottile) della Terra. Da quel momento in poi il giardino di Makin cominciò a fiorire come mai prima.

Megaliti e monoliti
Negli ultimi tempi, negli angoli tranquilli della Gran Bretagna rurale, la diminuzione dei raccolti è stato attribuito alla recente rimozione o spostamento dei menhir e dei cerchi di pietre locali. La fede nel potere fertilizzante delle pietre è ancora viva ed è probabile che gli antenati facessero le loro opere di 'ingegneria megalitica' per garantire l'armonia agricola. Una rinascita di interesse per la saggezza geomantica ha ispirato molte persone, come Makin, a emulare i vecchi metodi.

I neo-coltivatori 'megalitici' posizionano pilastri di pietra alle estremità nord e sud delle aiuole per stimolare i flussi di energia naturale e migliorare la fertilità del suolo. Altri creano piccoli cerchi di pietre selezionate attorno alle piante malate per rivitalizzarle e curarle. Il rabdomante americano Harvey Lisle creò oltre un centinaio di piccoli cerchi di pietre nella sua fattoria e ne trasse un'elevata produttività; scopre così che i cerchi di pietre emettono linee a bassa energia che si intersecano attraversando il giardino. Lisle usa quindi rocce paramagnetiche, di solito otto, disposte attorno a ciascun albero, e queste sono allineate alle direzioni con una bussola.

Lisle ha anche posizionato dodici pietre attorno a punto con forte energia terrestre, dove due linee energetiche terrestri si incrociano, per far agire il cerchio come una Ruota di Medicina di pietra, mutuato dalla tradizione degli indiani d'America. Attraverso la Ruota Lisle aumenta l'energia in varie zone della fattoria. Nel libro Secrets of the Soil, Lisle descrive la sua fattoria e consiglia di posizionare un cerchio di pietre ovunque ci sia un luogo energetico speciale. In precedenza aveva avuto problemi a coltivare giovani alberi da frutto, ma dopo aver iniziato a utilizzare i cerchi di pietre, gli alberi iniziarono a fiorire.

I benefici fisici della pacciamatura delle piante con pietre sono stati spiegati da J.I. Rodale, il famoso pioniere statunitense della coltivazione biologica e autore, nel 1949, del libro '*Stone Mulching in the Garden*'. La pacciamatura di pietre, dice, consente ai microrganismi e ad altra micro fauna del suolo, di agire con la massima libertà; la pacciamatura di pietre aiuta a conservare l'acqua, consente una buona aerazione del terreno, migliora le associazioni delle radici micorriziche, aiuta a regolare la temperatura e fornisce alcuni nutrienti disgregabili. Inoltre impedisce ai polli che eventualmente sono liberi di scavare il terreno ed inoltre non vengono spostate dal vento né bruciano in caso di incendi, a differenza della pacciamatura di di carta o paglia.

Cumuli ('Hugelkultur')
Le berme (termine che deriva dall'Olandese per indicare un piano sopraelevato rispetto al terreno su cui si stendono le pietre) e i cumuli di pietre nel giardino sono ottime strutture per accumulare il ch'i della terra e aiutano anche l'acqua piovana a penetrare nel terreno.

Ellen V. Wilmont Ware scrisse, nel 1953, di un metodo di riabilitazione del terreno che ideò utilizzando speciali tumuli da giardino: partendo da una depressione circolare a forma di piattino scavata nel terreno, con alcune pietre poste al centro, sovrappone uno strato di terra e humus e vi mette a dimora le piante. La pioggia viene spinta dal vento verso il centro del tumulo, da qui scendono a spirale verso la Terra per alimentare naturalmente le acque sotterranee.

Altri rabdomanti hanno scoperto che un cumulo realizzato con una spirale di pietre che sale per trattenere la collinetta di terreno, nota come Spirale delle Erbe, può generare un sottile vortice di energia che si estende ad una certa distanza. Se le pietre sono paramagnetiche, questo effetto non sorprende affatto!

Il giardinaggio roccioso assume quindi una funzione completamente nuova! La spirale delle erbe dell'autore e la mini torre energetica in un prato di fiori selvatici in Irlanda. (La storia dello sviluppo di questo giardino è raccontata in Permacultura Sensitiva.

Riferimenti

1 - Bird, Christopher & Tompkins, P., *Secrets of the Soil*, Harpers & Row, 1989, USA.
2 - Rodale, J., *Stone Mulching in the Garden*, Rodale Institute, USA, 1949.
3 - Wilmont Ware, Ellen V., *Pendulum* rivista, UK, 1953.
4 - Moore, Alanna, *Sensitive Permaculture - Cultivating the Way of the Sacred Earth*, 2009, Python Press, Australia. (Edizione Italiano 2022.)

Magnetron

Capitolo 2.5 Tecniche psico-spirituali

La rabdomanzia e la radionica fanno parte di una serie di tecniche psico-spirituali che vengono utilizzate per migliorare la crescita delle piante e il benessere in generale. Qui di seguito vengono esaminate alcune applicazioni specifiche della 'mente sulla materia'.

Piante e preghiera
Facendo ricerche sull'effetto della mente sulla materia, il reverendo Franklin Loer, direttore della Religious Research Foundation di Los Angeles, ha sperimentato il potere della preghiera sull'acqua utilizzata su impianti di prova. Le piante innaffiate con l'acqua benedetta prosperarono ben di più rispetto alle piante di controllo. In un altro test, riportato nel suo libro *The Power of Prayer on Plants*, centocinquanta persone hanno controllato 27.000 semi germogliati in condizioni ideali di crescita. Ciò ha accelerato il loro tasso di crescita fino al 20%. Poi il dottor Robert Miller, ricercatore industriale ed ex professore di ingegneria chimica al Georgia Technical College, negli Stati Uniti, ha dimostrato che questo fattore opera a grande distanza. Nel 1967 misurò un tasso di crescita notevolmente aumentato nelle piante dopo che un guaritore si sintonizzò brevemente su di esse da 600 km di distanza.

Questa tecnica può essere realizzata da chiunque ed è una gioia farlo! Prova a benedire le piante, anche i semi e il terreno prima di piantarli. Anche la benedizione continua funziona benissimo, ad esempio ogni giorno al momento dell'irrigazione o durante la pacciamatura annuale.

Geometria della rabdomanzia: il magnetron
Il magnetron è uno schema geometrico di tipo radionico che aiuta a trasmettere energeticamente le intenzioni. Sul magnetron viene posto un testimone (terreno, campione di pianta, ecc.) insieme ad opportuni rimedi o ammendanti del terreno, sotto forma di campioni, o che possono essere anche solo semplicemente scritti su un foglio. Un pendolo viene fatto ruotare sul diagramma per il tempo stabilito (o finché non smette di ruotare) e per un numero sufficiente di trattamenti successivi.

Un esperimento con il magnetron descritto da Christopher Hill, in *The Electro-Vibratory Body*, coinvolgeva un orto biologico infestato dai parassiti. Questo appezzamento era diviso in nove appezzamenti separati da sentieri. Si è deciso di provare a eliminare il parassita dall'appezzamento più colpito, inoltre un campione di terra e un insetto vivo dell'appezzamento sono stati posti al centro del magnetron.

L'insetto venne poi ucciso per trasmettere le sue vibrazioni mortali e lasciato indisturbato per due settimane. Nel giro di tre giorni era sparita ogni traccia del parassita dall'orto e non tornarono per tutta l'estate. Nel frattempo, negli appezzamenti di controllo, l'attività del parassita è continuata.

Quando trasferisci i pensieri in giardino, concentrati su un'idea alla volta e mantieni le visualizzazioni semplici. Sii onesto, lascia ai predatori di insetti qualcosa da mangiare, nello spirito dell'amore incondizionato. Puoi anche inviare amore e sostanze nutritive al giardino tramite un cristallo su una foto del giardino posizionata sul magnetron.

Geometria rabdomante: cerchio e freccia
Il cerchio e la freccia sono modelli radionici utilizzati per il controllo dei parassiti. La rabdomante Isabel Bellamy ha scritto di un contadino che, stanco di perdere così tanti frutti a causa dei pappagalli Rosella, ha provato questo approccio radionico. Trovando il cadavere di una Rosella tracciò su un cartoncino un grande cerchio con attorno segnati i numeri da uno a cento e lo orientò verso nord.

Si è sintonizzato con la rabdomanzia su questo cerchio per trovare la direzione di origine dei pappagalli. Poi tracciò un secondo cerchio all'interno del primo con una freccia dal centro che puntava nella direzione degli uccelli. Poi mise al centro di quel cerchio il pappagallo morto. Anche se gli uccelli tornarono il giorno dopo, quando arrivarono ci fu una grande confusione tra loro e presto si allontanarono. Dopo che ciò accadde tre volte, gli uccelli smisero del tutto di venire nel suo terreno.

Uccelli contro uccelli
Anche altri hanno avuto successo con il metodo del cerchio e della freccia, ma non sempre funziona. Bisogna sempre cercare prima soluzioni pratiche ai problemi. La natura spesso ne fornisce. Ad esempio, puoi allestire una colombaia per piccioni nel tuo frutteto.

I piccioni sono uccelli molto territoriali, come ha scoperto Graeme Nalder, presidente del gruppo Murray-Mallee Organic Growers. E mangiano solo cereali. In precedenza aveva perso l'80-90% della frutta nel suo frutteto a causa dei pappagalli, ma con i piccioni che tengono lontani gli intrusi, questa perdita è scesa ad appena il 10%, cosa che Graeme ha trovato accettabile.

Recinzione di forma-pensiero

Il rabdomante americano Fred Kantor descrisse come costruire una barriera fatta di forza mentale attorno a un giardino in un vecchio terreno. Il giardino di Fred era infestato da tutti i tipi di predatori, quindi ha deciso di provare un 'recinto di forme-pensiero'. La sua rabdomanzia gli disse che avrebbe funzionato, così, con le bacchette a L pronte, iniziò a indagare sulla dimensione, la profondità, la posizione e altri dettagli, accumulando il potere della forma-pensiero man mano che procedeva.

Kantor ha poi demolito l'inefficace recinzione elettrica che circondava il giardino, l'ha lavorato e piantato come al solito. Nonostante lo scetticismo della sua famiglia, il giardino risultante è cresciuto perfettamente senza alcun predatore, nonostante molti animali brucassero nelle vicinanze. Dopo questo fatto Fred riuscì a costruire con successo un recinto di forma-pensiero a distanza per un amico a cento miglia di distanza (60 km) e gli fu richiesto di costruirne altri in seguito.

Anche in questo caso la tecnica non ha sempre garanzia di successo e può dipendere dalla forza dell'operatore. Potrebbe anche essere utile invocare l'aiuto degli spiriti della natura del tuo giardino per mantenere ben resistente la tua recinzione di forma pensiero!!

Co-creare con i deva

Verdure giganti e minima presenza di parassiti sono le caratteristiche dei favolosi orti di Findhorn, in Scozia, e di Perelandra negli Stati Uniti. In questi luoghi si manifesta il potere del lavoro sinergico tra i coltivatori e gli spiriti della natura (che chiamerò 'deva').

Gli straordinari orti furono realizzati aprendo linee di comunicazione con la coscienza archetipica dei deva, illuminando gli spiriti delle piante domestiche e i deva dell'ambiente locale. Gli orti di Findhorn furono avviati negli anni '60, in condizioni sterili e desolanti, con un piccolo gruppo di persone, tra cui Dorothy Maclean, che furono contattate dai deva durante la meditazione. I cavoli giganti sono diventati una caratteristica distintiva del loro lavoro co-creativo.

A Perelandra, Machaelle Small-Wright sviluppò un rituale di comunicazione con i deva utilizzando una forma di test muscolare (equivalente alla rabdomanzia senza dispositivi) per avere accesso alla propria coscienza. Ciò formalizzò i loro scambi e le permise di lavorare sotto la guida devica.

Inizialmente dice ad alta voce:
"*Desidero essere formalmente collegata al regno devico*".
Quando viene stabilito il contatto si provano sensazioni, come onde di energia che ti investono dolcemente, afferma. Con uno strumento divinatorio, chiede poi una guida devica per la progettazione del giardino, consigli su cosa piantare e dove e come affrontare al meglio gli insetti. Per controllare gli insetti nocivi offre loro la decima di una certa parte del suo raccolto. Ciò mantiene in buona salute e equilibrio tutti : il giardino, i parassiti e i predatori dei parassiti.

Il metodo di Machaelle per fertilizzare il giardino coinvolge anche i deva. Compone un 'kit riequilibrante del terreno' di varie sostanze organiche suggerite dai deva. La composizione comprende piccoli pacchetti di farina di ossa, fosfato naturale, farina di semi di cotone, sabbia verde paramagnetica, dolomite, lime, alghe, consolida maggiore e altro. Prende un pizzico di ciascuna sostanza individualmente e lo tiene nel palmo della mano, chiedendo ai deva la quantità esatta necessaria. Poi chiede loro di ricevere l'energia di quel nutriente e di portarne la giusta quantità alla giusta profondità del terreno ovunque sia necessario nel giardino. Dopo circa dieci secondi il trasferimento è completato, si percepisce un cambiamento nella sostanza nutritiva, o una sensazione nella mano, e il campione viene gettato via.

Il giardino di Machaelle ha un ritmo di produzione incredibile e non viene mai annaffiato, nemmeno durante i periodi di siccità, tranne che al momento della semina. Lei dice che "*I deva cercano un contatto co-creativo con gli esseri umani e ne accettano volentieri l'aiuto.*"

Coltivazione Pranica
Le tecniche di coltivazione pranica sono originarie dell'India, mirano a guarire la terra e a trasmetterle energie benefiche per una migliore crescita dei raccolti. Il sistema prevede trattamenti di cromoterapia, che trasmettono colori diversi in diverse fasi di crescita, come la luce rossa per una germinazione più rapida, oltre a trattamenti specifici in caso di malattie o infestazioni. Sono compresi anche metodi di coltivazione pranica di altro tipo come il canto nei campi e altre antiche tecniche di fertilizzazione.

Secondo la Pranic Healing School dell'Australia Occidentale, la Pranic Psychotherapy viene utilizzata per terreni che sono stati pesantemente sovrasfruttati. Si tratta di trasmettere psichicamente il viola elettrico, il viola ordinario o il bianco al terreno. Nella pulizia del terreno si tratta un raggio di 3-10 metri attorno al campo interessato, utilizzando il seguente spettro di colori: dal verde chiaro al verde medio; e poi l'arancio chiaro (che aiuta la Terra ad assorbire meglio nutrienti e prana).

Vengono piantati cristalli di citrino ai quattro angoli o attorno al campo, dopo averli programmati per la pulizia e per l'assorbimento degli elementi negativi. Anche un cristallo tenuto in casa può essere utile a ottenere il risultato di pulizia costante a distanza.

Per completare la purificazione è possibile praticare la meditazione dei Cuori Gemelli, recitando i Mantra Om o Om Shanti. Vengono fatte invocazioni speciali ai deva, agli angeli, agli spiriti della natura e alla Madre Terra portando le proprie intenzioni, soprattutto per avere la loro presenza continua e le loro benedizioni.

Il lavoro di energizzazione viene praticato anche sugli ammendanti del terreno. Viene inviata al terreno l'energia del rosso da chiaro a medio. Dopo che i semi sono stati piantati, vengono energizzati con il viola elettrico. Nei giorni precedenti alla semina si energizzano con il rosso/rosso-giallo/viola.

Quando i semi sono germogliati, ci si ferma con l'energizzazione dei colori e si lascia il lavoro a Madre Natura, al Sole e agli angeli/deva. La meditazione dei Cuori Gemelli, i Mantra Om o Om Shanti vengono ripetute più volte direttamente nel campo. Il numero di ripetizioni dipende da quanto si vuole stimolare il raccolto.

"L'amore, il rispetto, la gratitudine e l'armonia con la Madre Terra, gli angeli/deva della natura e gli spiriti della natura costruiranno la sinergia tra i lavoratori (interni ed esterni) nel campo".[5]

Riferimenti

1 - Hills, Christopher, *The Electro-Vibratory Body*, University of the Trees, USA.
2 - Moore, Alanna, *Hot Permaculture Tips, Green Connections* magazine, Australia, December 2000.
3 - The Findhorn Community, *The Findhorn Garden: Pioneering a New Vision of Man and Nature in Cooperation,* 1976, Findhorn Press, UK.
4 - Small Wright, Machaelle, *The Perelandra Garden Workbook, a complete guide to working with nature intelligences*, Perelandra Ltd, USA.
5 - Pranic Healing School Institute of Inner Studies, Western Australia, via Natural Resonance Study Group newsletter, December 2000, Perth.

Capitolo 2.6 Bobine in agricoltura

Molti rabdomanti migliorano la crescita delle piante e l'armonia generale nelle fattorie e nei giardini installando speciali anelli metallici, antenne e bobine. L'elettrocultura è un termine utilizzato per descrivere questo tipo di installazioni. Queste installazioni potrebbero funzionare come equivalenti moderni delle pietre fitte, che forse concentrano le energie cosmiche o terrestri nel terreno. Nessuno conosce davvero tutti i meccanismi in gioco, ma l'evidenza empirica suggerisce che possono essere un mezzo semplice ed efficace per sfruttare le energie benefiche per migliorare i raccolti e l'atmosfera dei luoghi.

Rame

Quando si tratta di realizzare dispositivi come le bobine e gli anelli, il rame è spesso il materiale preferito, essendo un ottimo conduttore di energie sottili. Si è visto, ad esempio, che infilare un'antenna di filo di rame, orientata da sud a nord, sopra un filare di piante attira e concentra l'energia sul raccolto, migliorando la produzione. Il rame è anche il metallo migliore per gli strumenti di coltivazione del terreno, in quanto non interrompe i flussi naturali di energia terrestre, come ha scoperto il 'mago dell'acqua' Austriaco Victor Shauberger.

Schauberger era stato invitato a recarsi in Bulgaria per verificare il problema dell'inaridimento dei terreni agricoli. I bulgari utilizzavano aratri a vapore in acciaio, ma nei vecchi insediamenti turchi erano ancora in uso aratri in legno e il terreno non si stava seccando. Pensando che il problema fosse l'aratro, Shauberger sperimentò l'uso di vomeri rivestiti di rame.

Shauberger dedusse che l'acciaio e il ferro hanno un effetto negativo sulle caratteristiche dell'acqua all'interno del terreno, poiché il magnetismo terrestre viene tagliato e deviato dagli attrezzi agricoli in metallo. Inoltre, le minuscole particelle di acciaio che si staccano dai macchinari causano ossidazione e ruggine, privando il terreno di ossigeno, uccidendo alcuni microrganismi e facendo sprofondare le acque sotterranee, inaridendo così il terreno. Gli aratri in legno, rame e altri materiali 'biologicamente magnetici' non disturbano il campo magnetico terrestre, ha scoperto.

Shauberger raccolse il 50% in più di raccolto di alta qualità con le sue applicazioni basate sull'aratro placcato in rame. Nel 1950 Shauberger e l'ingegnere Rosenberger brevettarono un metodo per rivestire di rame le superfici attive dei macchinari agricoli. Inventò anche un aratro a spirale che dirigeva il terreno con un movimento centripeto, proprio come farebbe una talpa che scava il terreno.

Oggi le aziende tedesche e austriache producono utensili in rame e bronzo da utilizzare nelle case private e nei vivai. (Non sono duri come l'acciaio e quando si deteriorano vengono immessi nel terreno oligominerali benefici che ne aumentano il potenziale bioelettrico1.

Bobina di Lakhovsky

L'osservazione che tutte le cellule viventi emettono segnali radio e generano deboli campi elettrici ha rivelato al fisico ricercatore Herbert Pohl, direttore del Pohl Cancer Research Laboratory in Oklahoma, un importante potenziale di guarigione. Nel 1985 Pohl riferì la sua scoperta che le polveri elettricamente sensibili vengono trascinate all'interno di una cellula come da un magnete, mentre le loro controparti non elettriche non lo sono. Sospettava che le emissioni radio amplificate durante la divisione cellulare potessero avere un ruolo nella funzione, nella crescita e nella guarigione, quindi Pohl suggerì che se le frequenze potevano essere controllate, anche lo sviluppo del cancro poteva essere controllato.

Le idee di Pohl non erano nuove, ma riecheggiavano le ricerche, in gran parte dimenticate, di Georges Lakhovsky, un ingegnere di origine russa residente a Parigi fino agli anni '30. Lakhovsky fu anche il primo a sperimentare le onde elettromagnetiche ad alta frequenza in biologia, aprendo la strada al primo Congresso Internazionale di Radiobiologia, tenutosi a Venezia nel 1934. Le sue teorie divennero popolari in Europa con la pubblicazione nel 1939 di *Il Segreto della Vita – Raggi Cosmici e Radiazioni per il Benessere*, oggi tradotti tutti dal centro Lakhovsky di Rimini in Italiano. Fu un momento sfortunato, con l'Europa in subbuglio, e di conseguenza il suo lavoro non ricevette il riconoscimento che meritava. La nuova scienza della radiobiologia di Lakhovsky era un ponte tra la fisica, la biologia e la medicina, ma si opponeva anche ai medici ortodossi.

Come per Pohl, le radiazioni cellulari erano alla base delle scoperte di Lakhovsky. Egli paragonò il nucleo di una cellula vivente a un circuito elettrico oscillante, grazie alla presenza di filamenti tubolari contorti - i cromosomi - circondati da un fluido conduttore. Questo conferisce qualità di capacità e induttanza e la capacità di oscillare a una frequenza specifica. La cellula assomiglia quindi a un ricevitore radio, con le sue bobine e i suoi circuiti. È in grado di trasmettere o ricevere onde radioelettriche molto brevi e di generare correnti ad alta frequenza nei circuiti nucleari, mantenute dall'energia dei raggi cosmici. In quest'ottica, lo squilibrio oscillatorio può essere visto come un precursore della malattia e la regolarizzazione del campo cosmico come una chiave per la guarigione.

Nel 1923 l'invenzione di Lakhovsky, l'Oscillatore ad Onde Multiple (MWO), fu utilizzato con successo per trattare e curare i gerani inoculati con il cancro, utilizzando onde hertziane ultra-corte. Una seconda serie di esperimenti che utilizzavano un circuito oscillante, un anello senza eccitazione artificiale, si rivelò altrettanto efficace. Questo circuito, spiegò Lakhovsky, creava una risonanza tra il campo costante di onde cosmiche atmosferiche necessarie per l'armonizzazione locale. Le oscillazioni cellulari ristabilite avrebbero quindi conferito una divisione cellulare più regolare, una maggiore immunità e resistenza alle malattie, oltre alla capacità di resistere agli attacchi degli insetti. I circuiti sono stati applicati con entusiasmo ai pazienti di molti ospedali e case di cura Europei ed Americani, oltre che a piante ed animali.

Il valore empirico delle invenzioni di Lakhovsky, supportato da sorprendenti fotografie di tessuti rigenerati in piante e animali, mise gradualmente a tacere i critici ostili e gli scettici che lo circondavano. Essendo antinazista, Lakhovsky fuggì a New York dove morì nel 1942, all'età di 73 anni.

Le bobine di Lakhovsky sono molto facili da realizzare e da utilizzare. Basta tagliare una lunghezza adeguata di filo, preferibilmente di rame, e avvolgerlo una volta, lasciando le estremità leggermente distanziate. Accertati, con il pendolo, della polarità di ciascuna estremità. Poi posizionalo orizzontalmente intorno a una pianta malata, posizionando il polo negativo in alto e controllando ogni passo con il pendolo. Tieni il cerchio in posizione con uno spago o un supporto di legno, poi aspetta e vedi cosa succede. I radiestesisti americani parlano di posizionare queste spire all'interno della porta d'ingresso della pianta. I risultati possono richiedere un anno o più per diventare evidenti nei grandi alberi.

Marie Neil, storica e radiestesista di Castle Hill, Sydney, mi ha scritto per raccontarmi del suo successo con quella che lei chiama 'Bobina Francese o Anello di Lakhovsky'. *"Due grandi alberi di gomma che crescevano direttamente sopra un ruscello sotterraneo avevano subito una grave infestazione di insetti e stavano morendo",* mi ha detto. *"I paletti [dell'agopuntura terrestre] erano stati posizionati troppo tardi per salvarli. Li abbiamo salvati, tuttavia, posizionando degli anelli di Lakhovsky intorno ai loro tronchi. Abbiamo stabilito il numero di oscillatori necessari per ogni albero, le dimensioni dello spazio da lasciare nell'anello, la distanza dal tronco a cui inchiodare gli oscillatori e la distanza tra gli oscillatori nel caso in cui ne fossero necessari due su un albero".*

Questi oscillatori erano semplicemente degli anelli aperti fatti di un filo simile a quello degli appendiabiti, acquistato in un negozio di ferramenta. La radiestesia indicava anche il periodo di tempo in cui gli oscillatori dovevano rimanere in posizione. Ben presto apparve una nuova crescita sana. Oggi entrambi gli alberi sono forti e completamente sani", ha detto Marie Neil.

Bobina di Moody

Frank Moody, 1980s
Foto: Steven Guth

Frank Moody, il noto geomante del Queensland settentrionale, scomparso all'età di 104 anni, migliorò la Bobina di Lakhovsky estendendo ogni estremità in modo che diventasse un'antenna e un filo di terra e fissando questi componenti verticali a un paletto di legno. Utilizzava queste bobine per curare le piante, neutralizzare le geopatie e migliorare la produzione agricola in generale. Per quest'ultimo effetto, Moody posizionava le bobine a metà strada lungo le linee di confine, spesso a due metri di distanza dai segnali di fuga, oppure a due lati opposti del confine, l'una di fronte all'altra.

Nell'emisfero settentrionale Frank avvolgeva la spira in senso orario, nell'emisfero meridionale in senso antiorario. Utilizzava fili di rame, zincati o di alluminio. Il diametro della bobina è stato sperimentato fino a 3,5 metri e le dimensioni dell'antenna dipendono dalle dimensioni dell'area da trattare. Lo spazio tra la base dell'antenna e le estremità della terra deve essere ridotto, tuttavia, a 5-10 mm e il filo di terra deve penetrare nel terreno per almeno 15 cm. Mentre le versioni piccole sono autoportanti, le bobine più grandi necessitano di supporti in legno. L'influenza di queste bobine, ha detto, si irradia lateralmente e in avanti rispetto all'antenna verticale.

Marie Neil ha utilizzato con successo una bobina Moody per le piante malate, riferendo: "*Non uso misure specifiche per lo spazio e non sembra avere importanza*".

Bobina a sette giri

Lakhovsky sviluppò una variante della sua bobina a un giro che utilizzò specificamente per gli alberi. Misurò la circonferenza dell'albero a 60 cm dal tronco, poi moltiplicò questa cifra per otto. Poi tagliò una lunghezza di filo di rame isolato (elettrico monofilo).

Poi si accertò della polarità di ogni estremità tramite la rabdomanzia, facendo un nodo all'estremità negativa. Questo nodo è stato fissato sulla punta della porta d'ingresso e il filo è stato avvolto sette volte sull'albero, a circa 25 mm di distanza l'una dall'altra. L'estremità positiva superiore è stata poi fissata al tronco.

Un tipo simile di bobina viene realizzato in questo modo. Cammina intorno a un albero malato mentre fai la rabdomanzia per trovare la porta d'ingresso. Poi un'estremità di un filo di rame viene conficcata nel terreno a una profondità di 10-15 cm davanti a questa porta (chakra della radice) e poi viene fatta risalire più volte lungo il tronco. L'altra estremità del filo viene piegata verso il cielo. La bobina viene mantenuta in posizione per diciotto mesi. È necessario controllare di tanto in tanto se la sua posizione rimane corretta rispetto alla porta d'ingresso.

Bobina a nove giri

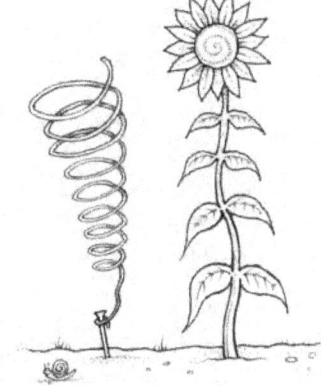

Clive Hull, un ricercatore agricolo new age della Nuova Zelanda, scrisse a Dowsing News negli anni '80 con buone notizie sulla sua bobina.

Nel giardino una bobina a nove giri a destra ha fatto aumentare del 25% la crescita dei girasoli. È stata la testa del seme a fare il vero miglioramento. La spirale non circondava il girasole ed era fatta di filo di rame saldato su un chiodo di 10 cm.

Spirale verticale

Conosciuto anche come Bobina con Supporto o Bobina Acquilone, questo dispositivo è stato utilizzato per la prima volta dalla defunta signora Muriel Harrison, radiestesista dinamica, praticante di radionica e insegnante a sud di Adelaide. Utilizzava coppie di spirali (da due a quindici per ogni giardino) per creare campi di risonanza positivi (yang), neutri o negativi (yin) per il giardino. Una spirale di ogni coppia è avvolta in senso orario dal centro, l'altra è avvolta in senso antiorario. Con la rabdomanzia si determina il numero di spirali necessarie e la loro posizione migliore nella bussola.

Per costruire una spirale verticale, usa un filo di ferro che è stato selezionato con la radiestesia come metallo e calibro appropriato per il lavoro e fissalo a una tavola o a una croce di legno a un'altezza prestabilita. Mantieni le spire in posizione con del nastro di rame o dei chiodini. Inizia l'avvolgimento dal centro, dove 3 cm di filo vengono lasciati rivolti verso l'esterno ad angolo retto. Riduci la distanza tra un giro e l'altro. Isabel Bellamy suggerisce di utilizzare una piramide solida come forma di spirale.

Nel caso di spirali in senso orario, l'estremità centrale deve essere tassellata in negativo. Su questa estremità si può saldare un piccolo imbuto di metallo per contenere testimoni di agenti curativi, in modo da fungere da diffusore di rimedi. Le sostanze adatte si trovano con la radiestesia. Se non sono disponibili campioni, puoi scrivere i nomi su carta e inserirli nell'imbuto, come testimoni.

Un altro metodo, che utilizza i principi della guarigione cromatica, consiste nell'inserire nell'imbuto dei mazzi di fili da ricamo di colore adeguato. Per sapere quali sono i colori, fai una ricerca su una tabella di colori insieme a un testimone del terreno per la 'scelta dei colori'. Misura le lunghezze adeguate del filo con il pendolo, poi annodale insieme e usale.

Anche Frank Moody ha modificato questa bobina. La sua bobina a spirale verticale aveva un diametro di circa un metro con circa otto-quattordici spire di filo fissate su una croce di legno verticale.

L'estremità positiva non collegata a terra si trova al centro e le spire vanno in senso orario nell'emisfero meridionale. All'estremità esterna negativa viene fissata tramite saldatura una piccola scatola di rame con il colore arancione, rappresentato dal filo da ricamo, che si rivela generalmente utile quando viene posizionato al suo interno. Questa spirale può essere collegata a terra, nel qual caso si avvolge la bobina nel senso opposto. Si dice che l'energia si proietti in avanti da questa spirale.

Frank usava le sue bobine per liberare gli allevamenti dai conigli: in questo caso vengono avvolte con l'estremità centrale negativa in senso antiorario e l'estremità positiva collegata a terra.

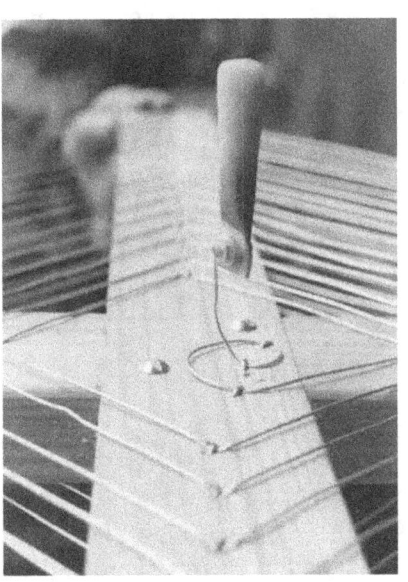

Foto: Steven Guth

All'estremità centrale è collegato un tubo di rame contenente testimoni colorati, tappato per evitare la pioggia, come si vede a destra.

Per i conigli dispettosi, si è dimostrata efficace una combinazione di rosso e verde utilizzando due matasse di cotone intere. L'energia circola lungo la superficie del terreno, ma non si alza oltre i 3,5 m, quindi è inutile per i fastidiosi lorichetti sugli alberi da frutto, ha detto Moody. Moody ha riferito un successo del 90% in due fattorie nel nord della Tasmania e che *"un effetto collaterale non previsto è il comportamento inusuale dei wallaby"*.

Altre bobine

La fattoria di Ross Henderson, in Tasmania, era in cattive condizioni quando l'ha acquistata. Ispirandosi alle 'bobine radiestesiche' del suo mentore Ralph Thomas, inventò una nuova 'bobina radiestesica' per l'agricoltura, utilizzando filo zincato, di rame o di recinzione. La bobina è stata progettata con la rabdomanzia e posizionata nei punti energetici del paesaggio. Da allora Ross non ha praticamente più avuto bisogno di fertilizzanti, il suo bestiame è aumentato e non ha avuto problemi di parto. Solo troppi conigli!

Il radiestesista americano Verne Cameron utilizza bobine e coni per bilanciare l'energia nell'ambiente. Scopre che le bobine piatte, posizionate orizzontalmente, emettono una forza verso l'alto e verso il basso. La qualità dell'energia cambia quando le bobine vengono capovolte.

Altre persone usano le piramidi per stimolare la germinazione dei semi, accelerare la crescita e in generale migliorare i raccolti. Le forme a vortice, a cono e a piramide sono energeticamente simili e sono sempre state considerate sacre o speciali. Allo stesso modo, il cappello conico che si usava nelle scuole del passato probabilmente funzionava secondo questo principio e aveva lo scopo di stimolare il cervello degli studenti più lenti.

Riferimenti
1 - Alexandersson, Olof, *Living Water - Victor Schauberger & the Secrets of Natural Energy*, Turnstone Press, UK, 1982.
2. Bird, Christopher e Tompkins, P., *Secrets of the Soil*, Harper and Row, USA, 1989.
3. Moore, Alanna, *Radionic Farming and Landcare in Australasia*, nella serie *Earth Care, Earth Repair*, Geomantica Films.

Parte terza - Coltivazione dinamica

Capitolo 3.1 La biodinamica moderna

La biodinamica, è un sistema ben consolidato di agricoltura ecologica, è stata ispirata dal mistico Austriaco Rudolph Steiner, che tenne la sua famosa serie di conferenze sull'agricoltura nel 1924. Steiner era molto chiaroveggente e un attento osservatore di antiche e curiose tradizioni popolari nelle fattorie. I suoi concetti di agricoltura possono essere considerati eccessivamente esoterici per l'agricoltore medio, ma la ricerca scientifica ha confermato molti dei suoi principi.

Steiner sosteneva che gli agricoltori e i giardinieri dovevano stimolare sia le forze terrestri che quelle atmosferiche della terra e chiedeva un "*vivace interscambio tra ciò che sta sopra la terra e ciò che sta sotto*". Per questo motivo, le tecniche biodinamiche vengono praticate in base ai tempi appropriati dell'attività lunare, solare e planetaria per ottenere i migliori risultati. È sempre meglio piantare seguendo le fasi lunari e solari. Steiner e i suoi seguaci idearono ricette con spray fermentati e potenziati a base di letame di mucca, cristalli schiacciati e varie erbe, ecc. In termini moderni, si trattava di un inoculazione microbica e di effetti omeopatici che innescano i processi vitali e i nutrienti per farli fiorire e moltiplicare.

Il più importante dei preparati biodinamici per la fertilità del suolo prevede che le corna delle mucche piene di letame sano vengano sotterrate in una determinata fase lunare e lasciate sottoterra durante l'inverno. Le potenti energie della Terra in quel periodo dell'anno lo aiutano a trasformarsi in questa sostanza ricca di microbi che chiamano 500. Quando viene dissotterrato in primavera, il letame è diventato una sostanza inodore di colore verde intenso, che è quanto di più simile all'humus puro e, se applicato al terreno, è un favoloso attivatore del suolo. (È consuetudine mescolare una piccola quantità di 500 al letame prima di metterlo nelle corna, in modo da renderlo innocuo per i microbi). Prima di applicarlo, una piccola quantità di 500 viene mescolata in acqua per un'ora esatta in un modo particolare. L'acqua viene agitata per diciannove o venti secondi in senso orario, creando un vortice profondo; poi il vortice viene invertito mescolando in senso antiorario per altri diciannove o venti secondi. Quando si cambia direzione si crea un caos furioso per quattro o cinque secondi. Dopo un'ora di agitazione, il liquido risultante viene spruzzato sul terreno in un modo specifico e in un momento specifico, quando il terreno è umido. Diverse generazioni di agricoltori biodinamici possono oggi testimoniare l'utilità di mettere in pratica i suggerimenti di Steiner. Il topsoil può essere ricostruito rapidamente con il 500, oltre che, naturalmente, con le buone pratiche agricole.

Nel trasferire le idee Europee di Steiner in Australia, ci sono state molte ricerche e sperimentazioni per trovare le pratiche più adatte, come Steiner avrebbe voluto. I terreni Australiani sono molto più vecchi, più lisciviati e il clima è molto più secco. Quindi i nuovi sviluppi sono inevitabili, anche se potrebbero sconvolgere i puristi! Ora la Biodinamica Australiana viene esportata in Europa, dove gli abitanti dei paesi più aridi e mediterranei apprezzano molto gli adattamenti.

La biodinamica incontra la geomanzia?
Molti anni fa scrissi al certificatore biodinamico Alex Podolinsky riguardo all'idea di scegliere luoghi energetici per seppellire preparati fermentanti come il 500. La sua risposta non fu affatto comprensiva. La sua risposta non fu affatto favorevole all'idea.

Tuttavia, sono felice di sapere che è stata ripresa da alcuni ricercatori negli Stati Uniti. *"Alcune persone hanno pensato di aumentare la produzione di 500 seppellendo i corni in corrispondenza delle giunzioni delle linee energetiche terrestri o all'interno di cerchi di pietre,"* ha scritto Hugh Lovel. Lovel suggerisce che le corna possono essere idealmente disposte in questi luoghi in uno schema a vortice (in un buco nel terreno), con le punte delle corna rivolte verso l'alto. [1]

Rimedio all'argilla
Steiner probabilmente conosceva un'antica tecnica agricola tedesca chiamata 'canto dell'argilla', come fu osservato da Victor Shauberger, che descrive una visita in un'alta regione forestale bavarese per incontrare un vecchio contadino eccentrico che aveva sempre i migliori raccolti della zona. Era quasi sera e il contadino stava mescolando un barile d'acqua con un grande cucchiaio di legno. Mentre mescolava, intonava ad alta voce una scala musicale verso il barile, con un certo livello di risonanza e non sempre piacevole da ascoltare. Mentre cantava verso l'alto della scala, mescolava in senso antiorario, poi la sua voce si faceva più profonda quando cambiava direzione e cantava verso il basso della scala. Di tanto in tanto il contadino gettava un po' di terra argillosa nel barile.

L'agricoltore poi borbottò che era pronto a 'fermentare'. Il mattino seguente, di buon'ora, il barile veniva portato nei campi e, con una robusta fronda di palma in mano, il contadino spruzzava l'acqua sui campi appena rasi. Un tempo la 'Tonsingen' era una pratica comune, che veniva eseguita solo in momenti specifici, come ad esempio dopo la semina e il rassodamento dei semi, intorno al periodo pasquale. All'inizio del XX secolo l'usanza era già oggetto di scherno e si stava estinguendo.

Shauberger riteneva che lo spruzzo dell'acqua di argilla sul terreno fornisse una pellicola o un filtro tra l'atmosfera con carica positiva e la terra con carica negativa che "*attirava i raggi da tutte le direzioni e poi li cedeva di nuovo.*" [2]

L'argilla di corno

Hugh Lovel sviluppò metodi agricoli biodinamici avanzati nella sua fattoria americana e scrisse del suo lavoro sulla rivista Acres USA. Lovel si entusiasmò molto per la nuova preparazione BD, 'l'argilla di corno'. Durante i suoi famosi seminari sull'agricoltura in Polonia, Steiner aveva promesso che avrebbe spiegato un rimedio per l'argilla, ma non se ne fece nulla. Purtroppo si ammalò dopo aver presentato la prima serie di conferenze e morì nel giro di sei mesi.

Il rimedio all'argilla è stato ora sviluppato negli Stati Uniti. L'argilla di corno è destinata a mediare tra i due principali spray BD 500 e 501, come aveva suggerito Steiner, e immagino che possa fornire tracce di minerali essenziali che non si trovano in questi preparati.

"*Il concime di corno (500) ravviva il terreno, mentre la silice di corno (501) ravviva l'atmosfera e con l'argilla di corno tutto viene riunito e integrato. L'argilla di corno è indispensabile sui terreni sabbiosi e rocciosi, ma funziona ancora meglio sulle argille pesanti. Risveglia davvero le cose e le fa crescere molto bene,*" scrive Lovel.

Originariamente Steiner diceva di riempire le estremità aperte delle corna delle mucche, dopo averle riempite di letame e silice, con un tappo di argilla. Ma non ne spiegò mai il motivo, accennando solo al fatto che sarebbe stato rivelato di più in una seconda serie di conferenze che non si sono mai tenute. Oggi le persone riempiono interi corni di argilla (che potrebbe essere paramagnetica) e li seppelliscono per un anno intero, da primavera a primavera o da autunno ad autunno.

In alternativa, si aggiunge un tappo di argilla alla sommità dei corni 500 e 501, che vengono dissotterrati in estate e in inverno per un'applicazione mista.

È necessaria solo una piccola manciata per ettaro da spruzzare sul terreno, rispetto a una doppia manciata di 500 o due pizzichi di 501 per ettaro. L'uso dell'argilla di corno è stato adottato solo relativamente di recente, ma i risultati sono molto validi, afferma Lovel.[1]

L'Associazione degli Agricoltori e Giardinieri Biodinamici dell'Australia ha sperimentato la produzione e l'uso dell'argilla di corno nel suo sito di preparazione principale a nord di Dorrigo, nel NSW. Hanno anche iniziato a produrre polvere di corno basaltico, come è stato riferito nell'estate del 2001.[4]

Controllo dei parassiti biodinamica

Il controllo biodinamico dei parassiti viene effettuato in base a specifiche influenze cosmiche ed è noto come 'peppering'. Un paio di manciate di semi di erbe infestanti vengono bruciate al momento opportuno con della legna, poi vengono macinate finemente in un mortaio e in un pestello (ma lascia perdere la cenere del legno, altrimenti rischi di devitalizzare gli alberi!)

Il tutto può essere messo in uno scuotitore di pepe e cosparso sul terreno colpito, ovunque le erbacce siano prevalenti. Lovel suggerisce che i risultati migliori si ottengono con una spruzzatura sul campo di una potenza omeopatica 7X o 8X, da spruzzare o diffondere per via radionica. I risultati possono richiedere due o tre anni.

Per scoraggiare gli insetti, si raccolgono le cimici e le si brucia fino a ridurle in cenere, il che è meglio fare quando il Sole è in Toro. Per gli insetti adulti il lato Ariete del Toro e per gli insetti giovani il lato Gemelli del Toro sono i momenti migliori per agire. Altrimenti è sufficiente macerare gli insetti in un frullatore e spruzzarli all'occorrenza.

Per gli animali infestanti, come i conigli, Steiner raccomanda di bruciare la pelle dell'animale durante l'alta congiunzione di Venere con lo Scorpione. Il momento migliore, dice Lovel, è quando Venere è in Scorpione, soprattutto quando Venere si trova sul lato del Sole più lontano dalla Terra. Questi momenti sono pochi e molto distanti tra loro, quindi Lovel lo fa ogni volta che Venere è in Scorpione e incenerisce la pelle, macina la cenere e ne ricava una pozione omeopatica da spruzzare o diffondere per via radionica nelle zone colpite.[2]

Il moderno ricercatore biodinamico può trarre grande beneficio dalla radiestesia per determinare quanto siano appropriati certi metodi o rimedi per la propria situazione specifica.

Stimolare la vita!

Lyn West vive in un'oasi biodinamica in una casa di periferia a Queanbeyan, nel sud del New South Wales. I segreti di Lyn per una crescita rigogliosa includono la semina lunare, il compost biodinamico e un fertilizzante liquido a base di alghe marine, entrambi prodotti in loco.

Lyn stava agitando una grande vasca di liquido torbido mentre mi spiegava cosa c'è nel suo prodotto commerciale a base di alghe e cosa lo rende così speciale. *"La maggior parte dei concimi liquidi sono anaerobici. Questo è aerobico"*. Ha poi spiegato che il liquido viene pompato delicatamente due volte alla settimana attraverso una serie di flowform Virbela per dare energia, mentre le pompe di ossigenazione vengono impiegate nelle vasche per un paio d'ore al giorno. Sei sacchetti di BD preps penzolavano nell'infuso.

La coltura microbica aggiunta impiega cinque mesi per scomporre e liquefare le alghe che Lyn raccoglie su licenza da Ulladulla. La presenza di questi batteri aerobici è altamente benefica per la produzione di humus nel terreno. Ora ha ottenuto la certificazione biodinamica per le sue alghe BioActive dalla Biological Farmers Association (Australia).

Lyn ha studiato biodinamica con Alex Podolinsky, Terry Foreman e Brian Keats. Ha sviluppato una vera e propria passione per l'argomento e ha iniziato a tenere conferenze a vari gruppi per diffondere il verbo. Nel 1996 ha seguito un corso di formazione come consulente sul campo per la BFA e ora è il loro consulente regionale sul campo. Ma altri impieghi part-time, necessari per aiutare a crescere due figli da sola, hanno assorbito gran parte del suo tempo e delle sue energie. Alla fine ha fatto la mossa coraggiosa di abbandonare il suo lavoro e di concentrarsi completamente sulla biodinamica. Ha trascorso mesi a scrivere un corso di studio sulla biodinamica che voleva insegnare, dicendo che *"non potevo continuare a non esprimere il mio bisogno di praticare la biodinamica in modo completo. Non farlo mi rendeva morta"*.

Quando Lyn decise di seguire la sua vera vocazione, ottenne il via libera. Sperando che almeno dieci persone si iscrivessero al corso, ha iniziato a pubblicizzarlo. Ha dovuto chiudere i conti dopo che trenta persone si erano iscritte!

La biodinamica non va sempre bene
"La biodinamica è sempre appropriata in Australia?" ha scritto Anthony Riddell di Melbourne sulla rivista Geomantica. Nel 1996 ho studiato l'agricoltura e il giardinaggio biodinamici, ma quel corpus di conoscenze mi sembra apertamente eurocentrico. Ho proposto la 'Bio-dinamica Indigena' o il 'Cibo della Natura', qualcosa di simile. È energeticamente possibile?

Steven Guth ha avuto pensieri simili quando ha scritto un articolo sull'utilizzo di 500 piante in un paesaggio Australiano. Un suo amico gli aveva regalato un po' di 500 e aveva organizzato di spargerlo in giro per la casa, spargendolo con una piccola spazzola. Nei due giorni successivi osservò con chiaroveggenza una nebbia blu che si addensava sul prato.

Il terzo giorno Guth si svegliò e, insolitamente, non si sentiva alcun uccello intorno alla casa. Quel giorno era profondamente depresso. Controllando più tardi, scoprì che altri due membri della famiglia avevano avuto giorni di depressione iniziati quella mattina. Ora pensa che la 500 si sia in qualche modo scontrata con i deva australiani e che, come custode, abbia sbagliato! Nel frattempo, le erbe europee del prato crescevano in modo eccezionale! [3]

Anche l'agricoltore biodinamico Barbara Hedley ha affrontato la questione. Ha sottolineato che il fatto che le pratiche BD funzionino bene con le colture europee non significa che tutta la vegetazione ne tragga beneficio. Le esigenze e le energie della vegetazione nativa australiana sono molto diverse da quelle delle piante coltivate. L'autrice ritiene che i resti della vegetazione autoctona debbano essere esclusi dalle coltivazioni e lasciati come 'stazioni deva', lasciate indisturbate, come i boschetti sacri di un tempo, per essere la casa degli spiriti della natura. Le aree selvagge non apprezzano gli spray BD e gli agricoltori farebbero meglio a evitare di spruzzare i preparati o di diffonderli per via radionica in queste aree, sottolinea Barbara.[3]

Biodinamic e precipitazioni
Cosa hanno in comune le Torri Energetiche, l'Agnihotra e la biodinamica? Sostengono tutti di essere in grado di far piovere! È stato lo studioso Americano di energia Wilhelm Reich a notare che i periodi di siccità sono sempre accompagnati da condizioni atmosferiche di scarsa qualità, con l'etere

atmosferico congestionato da DOR, Deadly Orgone Radiation - radiazioni orgoniche mortali, come le chiamava lui. (Le persone che si occupano di feng shui la chiamano sh'a; per altri è semplicemente 'energia negativa').

Nei primi anni '50 Reich condusse numerose ricerche su come eliminare le condizioni atmosferiche tossiche. Viveva sottovento rispetto ai siti di sperimentazione nucleare, quindi c'era molta DOR in giro. Il suo Cloudbuster (una serie di tubi rivolti verso il cielo e collegati all'acqua corrente a terra) veniva utilizzato per risucchiare l'energia atmosferica nel cielo e far piovere, ma era un dispositivo potente e piuttosto pericoloso.

Hugh Lovel e Hugh Courtney hanno ideato una tecnica più delicata per bilanciare e ripulire l'energia atmosferica, che consiste nello spruzzare i preparati BD in una particolare sequenza per diversi giorni. Tra quattro giorni pioverà, dicono. La sequenza consiste nello spruzzare i preparati 500, poi 501, poi Composti in Barile / Barrel Compost*, 508, e di nuovo 500. Ogni volta che si verificano condizioni di siccità, Lovel ripete questa sequenza, sempre con successo, tranne una volta quando Mercurio era retrogrado.

Courtney lo fa di solito due o tre giorni prima della luna piena, quando tende a piovere di più e, idealmente, quando la luna si trova in una costellazione d'acqua. Lovel inizia spruzzando il compost del barile sul terreno al tramonto e all'alba, accompagnato da una leggera spruzzata di equiseto per equilibrare la situazione (l'erba equiseto/equistifolia ha un alto contenuto di silice).

Lovel sostiene di aver fatto piovere in un'area di 32 km e 160 km di raggio con questa tecnica. Oggi utilizza il metodo più semplice di trasmettere i preparati BD per via radionica. Utilizzando una macchina radionica di Malcolm Rae, trasmette la stessa sequenza al mattino e alla sera, utilizzando una foto aerea come testimone e le potenze omeopatiche dei preparati BD.[2]

* Biodinamic composti in barile

Questo è un compost speciale, realizzato con puro letame di mucca che è stato compostato in un barile interrato. Nel cumulo di letame sono stati inseriti sei preparati BD. La ricetta ideata da Maria Thun è ancora migliore: letame di mucca, gusci d'uovo macinati (provenienti da galline sane allevate biologicamente) e polvere di basalto vengono combinati con i preparati 502-507 e lasciati in posa per dodici settimane. Un barile è sufficiente per spruzzare su 880 ettari. È un ottimo spray pionieristico per la conversione ai metodi biodinamici, afferma Thun.[5]

Riferimenti

1 - Lovell, Hugh, *Agricultural Renewal- A Basis for Social Change*, 2000, Union Agriculture Institute, USA.
2 - Alexanderson, Olof, *Living Water - Victor Schauberger and the Secrets of Natural Energy*, Turnstone Press, 1982.
3 - *Geomantica*, No 6, 1999. www.geomantica.com
4 - *Newsleaf*, Journal of the Biodynamic Farming and Gardening Association, Summer 2000, PO Box 54 Bellingen, 2454, Australia.
5 - Bird, Christopher and Tompkins, Peter, *Secrets of the Soil*, Harper and Row, USA, 1989.

Shabari Bird, Alanna Moore al centro, e Hugh Lovel a Irlanda, 2017.
Purtroppo Hug è deceduto nel 2020.

Capitolo 3.2 Permacultura Sensitiva

Molte persone oggi adottano un'etica della cura della Terra per contribuire a fermare la distruzione dell'ambiente. Si rendono conto che i loro modelli di consumo sono parte del problema. C'è un crescente rispetto per la preziosità della vita sulla Terra, la sua diversità e la sua magia. La permacultura offre soluzioni a molti problemi ambientali e può dare speranza, ispirazione e potere. Questo concetto di progettazione è stato creato dagli australiani Bill Mollison e David Holmgren alla fine degli anni Settanta.

Perché la permacultura?

La permacultura è un modo di salvare il pianeta che inizia nel proprio giardino. È un sistema di progettazione per creare ambienti umani produttivi che ci forniscono in modo sostenibile cibo, riparo, energia e altre necessità. Quando mangiate il vostro cibo prodotto biologicamente, aumentate i livelli di risonanza energetica del vostro ambiente locale e di voi stessi, oltre a risparmiare denaro, gas serra dovuti al trasporto, ecc.

Non sostenendo l'agricoltura insostenibile, il vostro potere di consumatori invia messaggi forti al sistema economico che la sovvenziona, a vantaggio dei soli profitti delle multinazionali.

Obiettivi ed etica

Modellati sulla natura, i sistemi di permacultura (culture permanenti) mirano alla sostenibilità, avendo la biodiversità, la stabilità e la resilienza degli ecosistemi naturali. Dall'agricoltura allo stile di vita e alla cultura umana, la permacultura offre risposte pratiche a problemi locali e globali.

L'etica della permacultura consiste nel prendersi cura della Terra e delle persone e nel contribuire con il proprio surplus di tempo, denaro ed energia al raggiungimento di questi obiettivi. Alla base c'è un'etica della vita che riconosce il valore intrinseco di ogni essere vivente. Lavorare in armonia e in cooperazione con la natura è la via della permacultura.

La permacultura pone l'accento sulla connessione e sugli stili di vita cooperativi, sfidando il paradigma dominante dell'individualismo competitivo. Per allontanare la società da un percorso di distruzione è necessario un cambiamento di pardigma che riporti a vecchi modi di conoscere, sentire e percepire e a valori olistici irrilevanti per il sistema economico.

Cibo per l'anima

La permacultura combina la saggezza contenuta nei sistemi agricoli tradizionali con i moderni progressi scientifici e tecnologici. La pianificazione della permacultura integra le qualità intrinseche di piante e animali con le caratteristiche naturali di paesaggi e strutture, al fine di creare sistemi di produzione sani e sostenibili sia per la città che per la campagna. I principi della geomanzia e del feng shui completano magnificamente i principi della permacultura. Possiamo ascoltare la terra e lasciarla parlare da sola, onorare le sue capacità e tenere conto dei suoi limiti.

Possiamo creare paesaggi di armonia, bellezza e produttività e ridurre l'impatto negativo sul pianeta. Tutto parte dal nostro atteggiamento e nutre non solo il nostro corpo e la nostra mente, ma anche il nostro cuore e il nostro spirito.

Energia ch'i

Le ecologie stabili prosperano grazie alla diversità biologica, alle reti di culture vegetali e animali (chiamate 'gilde' in permacultura) in relazione energetica. Questi ambienti sani e diversificati producono eccedenze da mangiare, con pochi problemi di parassiti di cui preoccuparsi.

Lo sfruttamento delle energie intrinseche è un obiettivo primario della progettazione in permacultura. Tutte le forme di energia naturale vengono raccolte, immagazzinate e utilizzate in loco. Ad esempio, possiamo piantare frangivento e trappole solari per trattenere il calore invernale; raccogliere la pioggia che defluisce e immagazzinarla in serbatoi, dighe e canali; e, su scala più ampia, mantenere il denaro (un'altra forma di energia) sempre in circolazione nella propria bioregione.

I metodi di permacultura per sfruttare le energie naturali sono paralleli allo sviluppo del ch'i atmosferico (energia) nelle tradizioni geomantiche del feng shui cinese. Secondo il feng shui, laddove il ch'i si raccoglie nel paesaggio, si avrà una maggiore fertilità e prosperità.

I modelli del flusso energetico naturale sono ampiamente utilizzati nella progettazione in permacultura. Le forme circolari, a spirale e curvilinee sono preferite ai modelli lineari. Tutti consigli validi in termini di feng shui.

L'effetto 'bordo' delle aree di piantagione viene aumentato e potenziato da bordi ondulati o merlati. L'aumento dei margini favorisce una maggiore disponibilità di luce e sostanze nutritive e consente un accesso più ampio. Gli stagni con bordi ondulati offrono più tonalità ecologiche alla vita acquatica rispetto a quelli circolari standard.

Nei lavori di sbancamento, come la costruzione di strade e l'aratura, si seguono le curve di livello naturali, per evitare l'erosione del suolo e massimizzare la penetrazione della pioggia. Anche le linee di recinzione dovrebbero seguire il profilo del terreno (altrimenti il bestiame causerebbe l'erosione).

Gli elementi del paesaggio sono apprezzati per le loro funzioni naturali. Ad esempio, le rocce sono utili per la loro capacità di accumulare calore e mantenere le piante calde in inverno. I tumuli godono di un drenaggio superiore e costituiscono aiuole ideali per il giardino, soprattutto se realizzati con compost caldo durante la stagione fredda. Alcuni geomanti che hanno studiato antichi tumuli e megaliti in Europa li ritengono in grado di immagazzinare energie sottili e di influenzare il tempo, aumentando le precipitazioni e le acque sotterranee.

Valori della natura selvaggia

Richard Webb della Permaculture Asia Ltd di Hong Kong ha studiato la tradizione e il significato ambientale dei boschetti feng shui cinesi. Queste sacre foreste residue si trovano di solito in luoghi dove aiutano a prevenire l'erosione nei bacini idrografici. Sono anche un rifugio per la fauna selvatica e per gli spiriti della natura sfollati.

Fin dall'antichità, in molte altre parti del mondo, l'albereto sacro è stato protetto dallo sviluppo da leggi spirituali e in Europa era la provincia dei druidi. I boschetti migliorano il clima, rallentano il movimento del vento e dell'acqua, aumentando così il comfort e la protezione delle persone, del bestiame e delle colture.

Le zone selvagge, componenti importanti delle proprietà progettate in permacultura, possono proteggere importanti residui di vegetazione e fornire bacini idrici indisturbati. Sono essenziali per mantenere la biodiversità per tutti i regni di forme di vita e sono luoghi perfetti per le 'stazioni dei deva'.

La geomanzia in permacultura

Si può abbracciare un sano rapporto fisico e spirituale con la terra praticando la permacultura da una prospettiva di spirito terrestre. Con una progettazione sensibile del paesaggio si possono facilmente incorporare considerazioni geomantiche, attraverso una rabdomanzia iniziale e una ricerca storica, se appropriata, per individuare le caratteristiche energetiche sottili e le connessioni culturali. L'ideale è cercare l'approvazione preventiva degli spiriti del luogo per un progetto proposto, meditando inizialmente sul posto per sintonizzarsi con le energie presenti. Che il permesso di pianificazione da parte delle fate sia una buona cosa da ottenere è un messaggio che si ripete da secoli nel folklore Irlandese!

I principi geomantici per stabilire l'armonia energetica possono essere impiegati nei siti con energia disturbata, e questo è meglio farlo prima di iniziare la progettazione del paesaggio. Le energie della Terra che sono dannose per noi possono essere evitate, o le loro energie possono essere sfruttate posizionando alveari, cumuli di compost o gabinetti di compost su di esse. Per quanto riguarda la progettazione degli edifici, i principi del feng shui e della biologia edilizia possono essere utilizzati per creare case sane, armoniose e non inquinate, con un impatto minimo sulla Madre Terra.

Insieme, la geomanzia e la permacultura sono strumenti di miglioramento della vita con i quali possiamo connetterci alla Terra a molti livelli e in molti modi pratici, contrastando il vuoto di spirito e di forza vitale oggi così diffuso. Con essi possiamo vedere il nostro ambiente con occhi nuovi ed essere ispirati e responsabilizzati a intraprendere le azioni necessarie per la sopravvivenza personale e planetaria.

Un progetto di permacultura armonioso incorpora modelli energetici locali e principi geomantici che forniscono anche buoni risultati ecologici, ad esempio mantenendo le foreste residue sulle cime delle colline (come Boschi Sacri) riduciamo l'erosione del suolo e manteniamo la fauna selvatica autoctona. L'energia delle correnti terrestri (come le linee d'acqua) può essere utilizzata per migliorare il compostaggio, la produzione di miele e la coltivazione di erbe, semplicemente selezionando i luoghi con la radiestesia.

Riferimenti

Mollison, Bill, *Introduzione alla Permacultura*, Tagari, Australia, 1991.
Newsleaf, rivista della BDFGAA in Australia, numero 45, estate 2000.
Moore, Alanna, *Divining Earth Spirit*, Python Press, 2004, Australia.
Moore, Alanna, *Permacultura Sensitiva* , Python Press, 2022, Ireland.

Capitolo 3.3 Agnihotra e agricoltura Homa

La terapia Homa Agnihotra trae origine dall'antica saggezza vedica, ripresa in India negli anni Quaranta. Si tratta di rituali del fuoco che hanno lo scopo di nutrire e vitalizzare la natura, oltre che di neutralizzare l'inquinamento e le malattie. Le fattorie Homa vibrano di energie vitali potenziate, spesso splendidamente trasformate dalla pratica di questo servizio spirituale alla natura. Attirano uccelli e api felici e offrono un'atmosfera di guarigione anche alle persone. Ho visitato una di queste fattorie, Om Shree Dham, nella primavera del 2000.

Al servizio della natura

All'inizio degli anni '90 Lee e Frits Ringma si sono trasferiti da Sydney per occuparsi di una fattoria nella zona di Wollombi, nel Nuovo Galles del Sud. Una piccola azienda commerciale di mirtilli, i proprietari erano stati pionieri nell'introdurre il rituale del fuoco Agnihotra nella regione e avevano iniziato a praticarlo regolarmente nella fattoria nel 1987. Lee e Frits praticano regolarmente l'Agnihotra dal 1989. La fattoria aveva una crescita prolifica e un'energia favolosa, e presto svilupparono un grande legame con la natura vivendo lì. *"Volevamo servire la natura"*, ha detto Frits. Poi, nel 1994, furono guidati spiritualmente ad acquistare un terreno nelle vicinanze. Si trattava di una proprietà molto degradata e trascurata, sventrata dalla coltivazione del grano. Era stata anche eccessivamente coltivata e il terreno sabbioso compattato era duro come il cemento, senza un verme in vista. La pioggia non riusciva a infiltrarsi nel terreno e il frutteto esistente languiva.

Purificazione

L'atmosfera che si respirava in quel luogo era così negativa che non riuscirono ad avvicinarsi a quella casa sudicia per tre giorni. Il posto era una discarica e sentivano che gli animali erano stati torturati lì. Lee inizialmente era entrato in casa, poi era uscito e aveva vomitato! È stata una sfida enorme ripulire la casa e la proprietà. L'importante lavoro iniziale è stato quello di iniziare a praticare i fuochi di Agnihotra all'alba e al tramonto, per rimuovere l'energia negativa. *"La pratica dell'Agnihotra rimuove gli strati di energia contaminata, rimuove gli strati di storia che giacciono come polvere sull'energia buona sottostante"*, ha detto Lee. Per tre giorni Frits ha visitato e fatto i fuochi speciali all'alba e al tramonto. Dopo di che l'energia divenne chiara. Da allora, il fuoco dell'Agnihotra, insieme ad altri Homas supplementari, promuove un'energia latente ma potente.

Un'oasi di vita

Ora i Ringma trovano beata la fattoria e la bella energia è decisamente palpabile. I semi germogliano facilmente e le piante si insediano senza sforzo. Il luogo sembrava certamente rigoglioso, ammantato dei suoi colori primaverili e delle sue fioriture, con il terreno che scoppiava di vita. *"Tutta la natura gioisce quando si pratica l'Agnihotra"*, ha detto Frits.

Alcune persone del posto, che trent'anni fa erano i proprietari della proprietà, sono venute a meravigliarsi del posto qualche anno fa. *"Come mai tutto è così verde e il terreno è così umido?"*, hanno chiesto. L'esecuzione regolare degli Homas ha reso il terreno più capace di trattenere l'umidità. Un'amica che ha avuto molta esperienza di fattorie biodinamiche ha detto di non aver mai visto un terreno così sano e vibrante. E anche se la regione è afflitta dai conigli, in questa fattoria Homa non sono mai stati un problema.

La cenere di Agnihotra, proveniente dai fuochi sacri, viene utilizzata in tutta la fattoria come tonico curativo. Viene cosparsa intorno ai tronchi degli alberi, sparsa sul terreno e trasformata in una pasta, con l'argilla, per riempire le ferite o il marciume dei tronchi. Le piante malate vengono spruzzate con l'acqua di cenere di Agnihotra, che cura le malattie e aumenta la vitalità. In seguito le piante abbondano di fiori e frutti.

Per preparare questo spray curativo si riempie una vasca di rame con acqua e si aggiunge una manciata di cenere, quindi si lascia riposare al sole per tre giorni. Il tutto viene filtrato e messo in una confezione spray per spruzzare il fogliame fino a tre o quattro volte alla settimana, fino a quando non si verifica un miglioramento.

Come un'oasi benedetta, anche in un periodo di siccità può piovere appena sopra la fattoria, che si trova all'inizio di una valle. *"Con l'Agnihotra la natura è più nutrita, più equilibrata e allineata con la fonte"*, spiega Frits. *"Con l'innalzamento delle vibrazioni di un luogo, la natura riceve un feedback di amore e gratitudine. Nell'antichità si facevano questi fuochi per mantenere l'abbondanza in natura e per mantenere la coscienza dell'umanità connessa al Divino. L'agnihotra richiama l'energia divina. Raccoglie il prana dalla gamma solare e, ravvivando l'atmosfera, aiuta le piante e tutti i regni"*.

Effetti dell'Agnihotra

Si dice che i fuochi neutralizzino l'inquinamento dell'atmosfera. Mi è stato detto che anche le ceneri dell'Agnihotra poste nei corpi idrici possono essere usate per contrastare l'inquinamento. L'atmosfera energetica migliorata crea una condizione ottimale anche per la guarigione delle persone. Lee e Frits irradiano loro stessi molta energia positiva e amano viaggiare per il Paese, ovunque vengano chiamati, per mostrare alle persone la pratica dell'Agnihotra e diffondere la parola. Aiutano anche le persone a eliminare le condizioni atmosferiche opprimenti e inquinate con i fuochi.

"Non solo la vita delle piante viene nutrita, ma anche le malattie vengono eliminate dalla zona e la tensione dalla mente, rendendo più facili tutte le pratiche di meditazione e lo stato di amore incondizionato diventa sempre più disponibile per noi. Non solo l'artista ne trae beneficio, ma anche la famiglia e il vicinato ne traggono beneficio, poiché lo stress e l'inquinamento vengono eliminati", affermano Lee e Frits.

Sono stati effettuati test con colture di batteri in agar-agar. Quando sono stati esposti ai fuochi dell'Agnihotra, i livelli di batteri si sono ridotti dell'80%. Si dice che la pratica dell'Homa sia efficace anche per eliminare la contaminazione radioattiva.

La tecnica

Un piccolo fuoco di sterco di mucca essiccato viene bruciato in una piramide di rame rovesciata di dimensioni specifiche mentre viene pronunciato un mantra sanscrito, insieme a una piccola offerta di riso e ghee nel fuoco al momento preciso

dell'alba e del tramonto. Il mantra che viene cantato durante il rituale del fuoco è un antico sanscrito che significa '*Sia fatta la volontà divina*'. Il tutto dura circa dieci minuti. È preferibile praticare il fuoco al centro di una stanza.

La piramide di rame inizia a raccogliere le energie curative e, se lasciata intatta fino all'Agnihotra successivo, tranne che per lo svuotamento, irradierà energia in continuazione. La piramide non deve essere appoggiata su plastica o metallo (che non sia rame o oro), che possono 'interrompere' le energie, un fatto riconosciuto da radiestesisti come T.C. Lethbridge. "*Il metallo interferisce con l'effetto elettromagnetico dell'Agnihotra e quindi non si dovrebbe tenere alcun tipo di metallo vicino alla piramide di rame*", afferma Vasant nella rivista statunitense Satsang.

Quando si esegue l'Agnihotra ci si deve sedere in posizione quadrata rispetto alla piramide e rivolti verso est, con la piramide mantenuta in posizione quadrata verso est, sempre con lo stesso orientamento e lo stesso livello di seduta. "*È dalla direzione dell'est che proviene l'inondazione di energie, di elettricità e di etere*", dice Vasant.

Durante la pratica del fuoco si dice che le energie curative si propaghino a spirale verso l'alto e verso est dalla piramide, mentre si irradiano anche verso l'esterno e sono particolarmente spinte verso nord. L'energia migliore viene irradiata dal lato est, quindi questa è la posizione più curativa in cui sedersi. Si può anche mettere un lingam o una pietra curativa o delle erbe medicinali vicino al fuoco per caricarle.

"*Oltre ad altri effetti*", dice Vasant, "*a certi intervalli, dalla piramide dell'Agnihotra si sprigionano esplosioni di energia, a seconda delle fasi lunari e della posizione della Terra rispetto al Sole. Queste esplosioni di energia spingono nutrienti e profumi attraverso la gamma solare e hanno un effetto profondo sulla mente. Intorno alla piramide di rame dell'Agnihotra, proprio al momento dell'Agnihotra, si raccolgono enormi quantità di energia. Si crea un campo magnetico che neutralizza le energie negative e rafforza quelle positive".*

Ho avuto modo di confrontarmi con queste affermazioni perché, partecipando a un fuoco Agnihotra un pomeriggio, ho percepito esplosioni di energia che pulsavano dalla piramide verso di me, anche prima che il fuoco iniziasse.

Nei momenti precisi dell'alba e del tramonto entrano in gioco energie speciali che vengono agite. Queste energie forniscono 'finestre di opportunità', dice Lee. Anche le indagini scientifiche condotte dal team del Dragon Project sui cerchi di pietre in Inghilterra confermano che in questi momenti si verificano interessanti modelli energetici, con anomalie rilevate nella gamma degli ultrasuoni e degli infrarossi. In occasione del plenilunio e del novilunio vengono condotti speciali omaggi, alcuni dei quali durano ventiquattro ore.

Durante questi Homas, si dice che il prana venga aspirato dalla gamma solare nell'ambiente e che il prana esistente, impoverito e distorto dall'inquinamento, venga riportato in equilibrio, in uno stato ideale. *"La vitalità e il nutrimento sottile vengono attirati nell'ambiente su scala enorme, consentendo alla natura di guarire se stessa. L'effetto di base arriva fino a 12 km nell'atmosfera e fino a un chilometro intorno alla piramide di rame"*, ha detto Lee.

Fattorie e giardinieri Homa

Nelle fattorie e nei giardini l'Agnihotra viene solitamente praticato in un punto centrale. Le piramidi possono essere posizionate in ognuna delle quattro direzioni lungo i confini. Quando si pratica l'Agnihotra, queste piramidi entrano in risonanza con il fuoco centrale e ne amplificano gli effetti di molte volte. Un punto di risonanza può essere stabilito anche in una fattoria, collocando una piramide di rame rovesciata caricata con alcuni mantra e interrata per mezzo metro, con un altro punto di risonanza caricato con mantra diversi collocato direttamente sopra il primo su una colonna di terra. Questo aiuta ad ancorare ancora di più le energie.

Centri e fattorie Homa si trovano in tutto il mondo. Mi è stato raccontato di grandi successi ottenuti da aziende agricole in Perù. Il 'male di Panama', un'infezione fungina, stava spazzando via le coltivazioni di piantaggine e ai contadini era stato detto che non si poteva fare più nulla, perché il fungo era diffuso nell'atmosfera. Molti agricoltori stavano abbandonando le loro colture malate e i loro terreni malati, dopo aver provato tutte le sostanze chimiche raccomandate dalle agenzie governative, senza successo. Ma con la pratica dell'Agnihotra hanno goduto di un ringiovanimento totale delle fattorie. I terapeuti americani di Homa si sono avvicinati ai contadini e, sotto l'osservazione di enti governativi e scientifici, li hanno istruiti gratuitamente alle tecniche Homa.

Per rafforzare i fuochi dell'Agnihotra di base in queste aree altamente malate, si raccomandano Homi e tecniche supplementari. Un Homa correlato, con mantra diversi, viene eseguito ogni giorno per rafforzare il campo energetico creato dalla pratica Agnihotra di base.

Nelle fattorie Peruviane è stato installato il punto di risonanza Homa e i contadini hanno iniziato a praticare i fuochi di base due volte al giorno. "*Dopo solo una settimana ho iniziato a notare che i miei alberi di piantaggine iniziavano a sviluppare foglie verdi e sane*", ha riferito un agricoltore. Dopo quattro mesi di terapia Homa, gli agenti patogeni erano tutti scomparsi e si è registrato un conseguente aumento della produzione, con raccolti più abbondanti di frutti più grandi, dal sapore, colore e consistenza migliori. Anche il ciclo vegetativo si è accorciato del 40%.

Anche le piantagioni vicine hanno registrato effetti di ringiovanimento e le persone affette da patologie come asma e problemi di pelle, dopo essersi sedute accanto ai fuochi e aver inalato il fumo curativo e aver applicato la cenere su se stesse mescolata al ghee, hanno riscontrato ogni tipo di guarigione notevole. Un pizzico di cenere assunto internamente ogni giorno può essere un'ottima medicina profilattica.

Pilastri di fuocoe

I lingam di pietra sono una caratteristica dei giardini dell'Om Shree Dham. I 'lingam di Shiva' sono pietre lisce a forma di uovo che si trovano in alcuni fiumi sacri dell'India. Sono stati a lungo venerati come generatori di energia divina e sono conservati nei templi e negli ashram di tutta l'India. Il lingam è solitamente tenuto in piedi in una speciale base di pietra scavata, che rappresenta la yoni o l'aspetto femminile della divinità (e la dea Shakti).

I lingam rappresentano l'immanifesto da cui nasce la creazione. Di solito di natura yang, sono talvolta definiti 'pilastri di fuoco'. Si dice che i lingam Narmada abbiano un perfetto equilibrio energetico yin/yang. La meditazione con un lingam di questo tipo è facilitata, perché è "*un dispositivo di sintonizzazione con il sé superiore*". Mi è stato detto che può aiutare a risvegliare la propria forza kundalini e a liberarsi dai modelli subconsci.

Le dimensioni variano dai piccoli lingam a forma di ciondolo che, se indossati costantemente, hanno un'influenza curativa permanente sull'aura; ai grandi omphalos alti circa un metro, che possono fungere da generatori di energia per intere regioni. Queste pietre dai colori terrosi hanno spesso bellissimi disegni e si dice che siano formate da una combinazione di basalto, agata e quarzo.

I bellissimi lingam di Lee e Frits provengono dal sacro fiume Narmada dell'India. Questo fiume è paragonato a una Dea Madre Universale, che rappresenta l'aspetto nutritivo della Divinità. *"È interessante"* notare che *"quando i chiaroveggenti si sintonizzano su questo fiume sacro attraverso le sue pietre lingam, vedono l'acqua rossa. In realtà, ciò che percepiscono è il colore del prana vitale o forza vitale, in altre parole il fuoco spirituale"*.

Quando si medita, l'idea è quella di stringere il lingam in grembo, con la mano destra sotto la sinistra, permettendo al lingam di poggiare in posizione verticale contro l'addome. Questo aiuta a liberare il flusso di energie lungo la spina dorsale e a concentrarsi sul risveglio sempre più profondo del chakra del cuore. *"Come stazioni riceventi cosmiche, in base al principio 'il simile attrae il simile', i lingam giganti incanalano la guarigione verso la Madre Terra, contribuendo a innalzare la kundalini del pianeta"*, mi è stato detto.

Paralleli

Ho visto molti parallelismi con l'uso delle Torri Energetiche (simbolo dell'energia del fuoco e del lavoro con le forze yang), che sfruttano l'energia del sole e aiutano a far piovere. *"Essere caricati dal fuoco significa manifestare l'energia della chiarezza"*, afferma l'autrice Roseline Deleu, in relazione ai principi elementari del feng shui.

Secondo la mia radiestesia, le Torri del Potere possono aiutare a neutralizzare le radiazioni elettromagnetiche provenienti dalle linee elettriche vicine. E la polvere di roccia basaltica ha effetti anti-radioattività (importante in quest'epoca di incidenti nucleari!) Non è stato quindi sorprendente apprendere dai Ringma che le radiazioni elettromagnetiche, così come la radioattività, possono essere neutralizzate dall'Agnihotra.

Anche la pratica della biodinamica sembra collegata. La cenere dell'Agnihotra agisce come un fertilizzante biodinamico ed è ottima da aggiungere al terreno e ai cumuli di compost. *"Sì, la biodinamica funziona molto bene con l'Agnihotra"*, mi è stato detto. *"Infatti, se si mette un pizzico di cenere del fuoco dell'Agnihotra nel 500 liquido, il tempo di agitazione si riduce della metà"*, mi ha spiegato Frits.

Bene anche per il fosforo

Recenti studi scientifici sugli effetti della pratica dell'Agnihotra hanno dato buone notizie anche per la disponibilità di fosforo nei terreni. Il fosforo è essenziale per la crescita, ma in tutto il mondo le sue fonti commerciali (come i letti di guano degli uccelli nelle isole del Pacifico) si stanno esaurendo. Il picco del fosforo sarà presto raggiunto!

Il dottor Tung Ming Lai di Denver, Colorado, USA, ha testato l'effetto dell'aggiunta di cenere Agnihotra e non Agnihotra a campioni di terreno. L'aggiunta di cenere autentica di Agnihotra ha aumentato notevolmente la solubilità in acqua del fosforo nel terreno (massimizzandone così il potenziale fertilizzante), rispetto all'aggiunta di cenere prodotta con gli stessi ingredienti, ma senza preparazione rituale Homa. (Fonte: www.agnihotra.com.au)

Riferimenti

http://www.homatherapy.org

Parte quarta - Tecnologia delle torri energetiche
Capitolo 4.1   Eredità magica

Storie di fate
Prima del mio viaggio in Irlanda nel 2000 per fare delle ricerche sulle Torri Rotonde, sono rimasta stupita dall'enorme numero di antichi siti monumentali ancora esistenti in quel paese, più che in altre parti d'Europa, dove si trova anche il 60% dell'arte rupestre Europea. Come hanno fatto a sopravvivere così bene ai secoli ed ai millenni, mi sono chiesto?

"*È perché gli Irlandesi sono molto superstiziosi*", mi ha spiegato la mia amica radiestesista Irlandese Sandy Griffin. Imparano fin da bambini a non danneggiare gli antichi monumenti e a non turbare gli spiriti della terra. Questa è una buona notizia per la confraternita archeologica, che ha a disposizione un maggior numero di siti indisturbati da studiare e conservare. Una studentessa di archeologia che ha partecipato a un mio seminario ha concluso così le sue riflessioni sulla giornata: "*Non avrei mai pensato che le fate fossero una realtà e una forza con cui fare i conti! Se proteggono i siti dai danni, sono d'accordo con loro!*".

Sandy mi ha raccontato questa storia. Quando era un giovane che lavorava nell'Irlanda rurale negli anni '40, una volta stava camminando lungo un sentiero di campagna con un altro giovane che lavorava come fornitore di legna da ardere. Stavano passando accanto a un vecchio forte ad anello (un recinto circolare di terra per una casa), coperto da un vecchio boschetto di biancospini nodosi. Gli alberi erano per lo più morti, con tronchi molto spessi. "*Conosci della buona legna da ardere da queste parti?*" chiese Sandy. "*Ah, no. Non c'è niente qui intorno*", fu la risposta. "*Ma cosa mi dici di tutto questo?*" chiese, indicando il forte ad anello. "*Oh, lì! Non puoi abbatterli, sono le case delle fate. Danzano intorno a loro di notte!*" disse, affermando che questo era palesemente ovvio. Sandy pensò che fosse molto divertente che un ragazzo adulto credesse ancora nelle fate!

Quando arrivai a Dublino, il cugino di Sandy fu più preciso. "*Sono le fate che proteggono i siti!*" disse. Non solo la fede in loro, ho notato. Nella tradizione irlandese, infatti, non sono gli esseri dolciastri che esaudiscono i desideri che ci hanno fatto credere. Possono anche essere feroci guardiani delle loro case e del loro territorio. Demolisci un tumulo dell'Età del Bronzo o un antico boschetto di alberi e fai attenzione alle conseguenze!

Le antiche credenze Irlandesi, che sono sottilmente sopravvissute fino ad oggi, sono conservate in quei racconti che abbiamo ereditato come 'favole'. Esse offrono un'affascinante visione di una terra in cui i veli tra il mondo degli spiriti e quello fisico sono spesso molto sottili, soprattutto in certi giorni e in certi luoghi. Ci avvertono che le fate si offendono per le azioni scorrette dell'ambiente e potrebbero vendicarsi, ad esempio con un pericoloso 'colpo di fata'. Servono a rafforzare la necessità di proteggere i siti speciali e i percorsi energetici nel paesaggio.

Una storia tipica descrive come un Irlandese decise di costruire un ampliamento della sua casa sul lato che sporgeva su un sentiero fatato. Questo nonostante fosse stato avvertito da un uomo amico delle fate. L'uomo andò avanti e di conseguenza subì gravi conseguenze per la sua famiglia e il suo bestiame.

L'evoluzione religiosa

Come tutti i popoli Neolitici, gli antichi Irlandesi onoravano i loro paesaggi in quanto dimora di una moltitudine di esseri spirituali, parte integrante della forza vitale della terra. Le loro pratiche rituali cercavano di placare le fate, gli dei e le dee locali e di assicurare a tutti un buon raccolto e la salute. Se non avessero mantenuto il giusto rispetto e omaggio agli spiriti del luogo, credevano che si sarebbero potuti scatenare problemi di ogni tipo.

Riconoscevano i centri di potere nel paesaggio che diventavano i loro templi di comunione con gli spiriti della Terra. Onoravano i genius locii presso pozzi, sorgenti, grotte, cime di colline e pietre speciali, mentre ogni tribù aveva i propri dei e dee dominanti. Le loro attività spirituali si concentravano sul rinnovamento stagionale delle persone e dei luoghi. I loro monumenti facilitavano i rituali ciclici della vita e alcuni catturavano gli eventi cosmici, fondendo le energie del Sole, della Luna, della Terra e degli Antenati, aumentando simbolicamente la fertilità della tribù, della terra e dei raccolti. Gli allineamenti solari incorporati in questi monumenti megalitici dimostrano una grande conoscenza.

Il culto del sole deve aver preso piede quando, intorno al 1.400 a.C., il clima Irlandese divenne più freddo e umido. Prima di allora era più simile al sud della Francia. Molti distretti agricoli si rovinarono e gli ecosistemi collassarono in quel periodo.[1] Il sole era venerato come forza suprema della fertilità e le prime divinità solari erano per lo più femminili, mentre la luna era tradizionalmente maschile. Tuttavia, *"troppo spesso le divinità solari femminili non vengono riconosciute"*.[2] In Inghilterra il sole fu considerato femminile fino al XVI secolo.

Brigid, la grande dea triplice dei Celti Irlandesi, governava la forgiatura dei metalli, la poesia e l'ispirazione, nonché la guarigione e la medicina. Il suo simbolo unificato era il fuoco ed era anche identificata con la Terra e la fertilità e l'abbondanza del suolo. Più tardi, in epoca cristiana, Santa Brigida assunse il suo ruolo, con attributi praticamente identici. Il giorno di Santa Brigida, il 1° febbraio (Imbolc), è il primo giorno di primavera e tradizionalmente il momento di preparazione per la semina della stagione; è il momento in cui la bambola di mais, realizzata durante la festa del raccolto di Lughnasadh, viene ritualmente piantata nel terreno. In questo giorno non era consentito svolgere alcun lavoro che comportasse la rotazione delle ruote. Le persone costruivano croci di Santa Brigida con giunchi, paglia, legno o piume e le appendevano alle porte per proteggere la famiglia da malattie e disgrazie. La sua scarpa di ottone era l'oggetto più sacro che si potesse immaginare e gli uomini non potevano entrare nel suo santuario.

Aine (pronunciato On-ya) era originariamente la dea del sole della provincia meridionale Irlandese di Munster. C'era una festa speciale per lei nella notte di mezza estate, dopo la quale i contadini portavano in processione torce di paglia intorno alla sua collina, Knock Aine nella contea di Limerick, e le agitavano sul bestiame e sui campi per chiedere protezione e fecondità. Ha un lago sacro nelle vicinanze, il Lough Gur. Altrove, la dea del sole islandese era Sol, Sunnu era la padrona del sole Scandinavo e Saule, la dea del sole della regione Baltica. Sekhmet, la dea del sole Egiziana dalla testa di leone, può essere un essere piuttosto pericoloso, come ci si può aspettare in un clima caldo e secco.[2]

Il Sole e la croce

Fin dall'antichità, in tutto il mondo, cerchi e ruote sono stati utilizzati per rappresentare il percorso del sole e la divinità solare. In Irlanda la croce ad anelli era un tempo considerata un segno di armonia, i suoi elementi verticali e orizzontali rappresentavano gli opposti cosmici di cielo e terra, luce e buio, vita e morte. E ci sono anche le quattro direzioni. Una croce ad anello si trova sopra il portale architravato della Torre Rotonda di Antrim, che Lalor considera una delle prime torri.[1] La croce ad anelli è stata anche associata all'albero della vita e al culto della natura in Europa.[10] La croce celtica precede il cristianesimo di circa 1.500 anni. Quindi la croce è un simbolo di grande antichità e si trova in molte forme, da quelle piccole a quelle monumentali. Si dice che una notevole pietra megalitica di grande antichità rinvenuta nella contea di Donegal abbia quattro coppe intagliate *"in modo tale che i canali che si estendono da esse formano una croce perfetta di carattere Romano"*.[3]

Eredità magica

Le magnifiche pietre erette di Callanish, al largo della costa scozzese, tracciavano originariamente un enorme disegno a croce, con un cuore a camera centrale che è stato datato al 2.000 a.C. Le credenze locali sostengono che all'alba del giorno di mezza estate lo 'Splendente' cammini lungo il viale di pietre di Callanish, lungo 90 metri.[4]

Le alte croci in pietra finemente scolpite dei monasteri Irlandesi siano state erette all'interno della chiesa nei punti cardinali e all'ingresso dei recinti monastici, per fungere da barriera contro il male e da punto di riferimento per le persone che si riunivano fuori dalle piccole chiese per le funzioni all'aperto.[1]

Fuochi sacri

Il fuoco è stato un simbolo universale del sole e le feste del fuoco erano un tempo comuni in Irlanda. La festa del raccolto di Lughnasadh (Lammas) era la più popolare di tutte. Si svolgeva intorno al 1° agosto e celebrava l'inizio del periodo del raccolto, quando il dio e la dea della terra (Aine, dea del sole e della sovranità, e il generoso Crom Dubh, dio dell'agricoltura) si preparavano a partire per la loro dimora invernale negli Inferi, dopo aver combattuto con Lugh, il dio celtico della luce. I fuochi venivano accesi sulle cime delle colline e le corse dei cavalli, le gare di ballo, i banchetti, i combattimenti, le danze e i canti rendevano questo periodo molto gioioso.

A Roma la dea del fuoco era Vesta, che veniva onorata ogni anno il 1° marzo, quando diciannove 'vergini vestali' riaccendevano il suo fuoco perpetuo strofinando insieme dei bastoncini. In questo modo si onorava la primavera e il rinnovamento della vita. Era una dea madre fertile, con effigi falliche che adornavano i suoi templi fino ai tempi della Roma imperiale.

Alcuni studiosi in passato hanno pensato che le Torri Rotonde Irlandesi potessero essere templi sacri del fuoco, anche se ci sono poche prove fisiche del loro utilizzo. Tuttavia, Santa Brigida aveva un tempio del fuoco nel suo monastero di Kildare, vicino alla Torre Rotonda, entrambi visitabili oggi. Era inoltre curato da diciannove monache, il che fa pensare a una connessione lunare. La tradizione della fiamma eterna di Brigit è stata ripresa nel 1993 dall'ordine delle Sorelle Brigidine.

Orientamento lunare

La luna era originariamente vista come una divinità maschile, da cui l'"uomo nella luna' della tradizione Inglese. La semina lunare segue l'osservazione che la crescita delle piante può essere stimolata piantando poco prima della luna piena e in determinate posizioni lunari. Anche l'acqua nell'ambiente subisce l'influenza della luna e un tempo il calcolo lunare era un'attività importante.

I cerchi di pietra in genere riflettono questo interesse. La capacità di alcuni di prevedere le eclissi lunari è molto avanzata e sembra suggerire la consapevolezza che i semi o le piante seminati e piantati in tali periodi non prospereranno. Alcuni cerchi di pietra, come Stonehenge, nei loro allineamenti raffigurano le posizioni estreme del sorgere e del tramontare della luna nel ciclo lunare di 18,61 anni (noto ai Greci come ciclo metonico o Grande Anno), che solo recentemente è stato compreso dagli osservatori moderni. L'associazione del numero diciannove (numero delle vergini Vestali) si adatta quindi bene a una conoscenza intima dei movimenti della luna.

Gli Irlandesi hanno creato delle lunule, favolosi collari da collo in argento e oro finemente lavorati, circa tre o quattromila anni fa. Si pensa che alcuni di questi collari avessero calcoli lunari incisi nei loro ornamenti e che fossero accessori molto apprezzati da persone di alto rango e simboli di autorità.

Lunule Irlandesi

Fuoco e acqua

La sacralità combinata di fuoco e acqua è un antico concetto indoeuropeo. I due elementi sono collegati dal calderone sacro, un simbolo comune a molte tradizioni europee. La dea gallese Ceridwen usava il suo calderone sacro per preparare le scintille infuocate dell'ispirazione poetica, mentre il Santo Graal ne divenne una versione cristianizzata.

L'Inghilterra aveva una dea che presiedeva sia al fuoco che all'acqua. Sulis è l'antica dea della guarigione con un santuario speciale a Bath. Alcuni pensano che fosse una divinità solare e che il suo nome derivi da una parola che

Eredità magica

significa sole e occhio; questo potrebbe spiegare i fuochi perpetui tenuti nei suoi santuari e potrebbe essere il motivo per cui solo le sorgenti calde erano sue. Si pensa che Sulis scendesse di notte nelle sorgenti sotterranee. Una moneta celtica trovata a Bath mostra il suo volto.

Il nome Sulis deriva dalla stessa parola che significa sole e che si ritrova in altri nomi di dee del sole: Saule, Solntse, Suil. Sulis ha una triplice forma di dea, le Suliviae, come testimonia un'iscrizione a Bath, che si trova anche nei santuari dell'acqua in Francia. I Romani la chiamavano Minerva Medica. Quando i Romani si impossessarono della sorgente di Bath dai Celti, sostituirono la dea del sole con il dio Apollo e vi scolpirono la sua immagine. I Baschi hanno una divinità solare femminile e credono che il male venga esorcizzato dal suo potere infuocato. La vigilia di mezza estate la gente si recava in un luogo elevato per fare una veglia notturna, poi salutava l'alba con canti e saluti. Poi si precipitavano alla sorgente più vicina per fare il bagno nelle acque appositamente infuse, credendo che il fuoco del sole infondesse alle acque fecondità e guarigione, soprattutto per i problemi della pelle. Facevano anche il bagno nella rugiada del mattino e queste usanze venivano osservate anche nei paesi baltici. La notte del solstizio si accendevano anche dei falò che venivano utilizzati per ravvivare i fuochi dei focolari individuali degli abitanti dei villaggi.

Molti pozzi sacri Irlandesi sono associati alla dea del sole Aine o a Graine (pronunciato Gron-ya), la dea del sole sua sorella. Tobar na Greine è il Pozzo del Sole, le cui acque si dice siano curative per le malattie degli occhi. Le 'pietre del sole' erano offerte rituali fatte per ottenere favori che venivano poste su un altare o fatte cadere in una sorgente. Le pietre del sole erano in realtà ciottoli di quarzo bianco. Il cristallo di quarzo veniva utilizzato dai clan scozzesi per santificare l'acqua e la tradizione indù assegna il quarzo al sole.

Simbolo associato al culto del sole, l'occhio si trova spesso scolpito in antichi monumenti di pietra. Potrebbe anche raffigurare la vesica pisces/mandorla comune all'antica cultura britannica, greca ed egizia. Questo simbolo potrebbe riflettere una parte della conoscenza della geometria sacra. Molte acque dei pozzi sacri irlandesi erano considerate curative anche per i disturbi agli occhi.

Le tradizioni Irlandesi cristianizzate includono ancora oggi 'schemi' di pozzi che prevedono la circumnavigazione rituale del sole intorno a un pozzo sacro, spesso a quattro zampe o in ginocchio. Gli stracci rossi e bianchi venivano spesso offerti ai pozzi sacri, lasciati sugli alberi e ritenuti in grado di eliminare i malanni quando marcivano. Il rosso e il bianco, che si vedono sul palo di maggio e sono comuni nelle feste del fuoco, sono i colori del sole.[4]

Fino a non molto tempo fa nello Yorkshire e nel Lincolnshire esisteva una tradizione nota come 'guadare l'acqua'. Un secchio d'acqua veniva lasciato fuori alla vigilia del giorno di Pasqua per riflettere i raggi del sole nascente. Se l'acqua si increspava, veniva considerata un buon auspicio per la pioggia.

Le cavità a forma di coppa scavate nei monumenti e nelle pietre 'bullaun' (in foto) degli antichi siti Irlandesi potrebbero aver ospitato l'acqua per questo stesso scopo, per dare il benvenuto all'inizio del ciclo agricolo e invitare le energie solari ad accendere il fuoco nell'acqua della Terra, attraverso il mezzo dell'aria, combinando così ritualmente i quattro elementi sacri della vita. L'acqua che si raccoglie in queste cavità è tradizionalmente considerata curativa. Si dice che i segni delle coppe servissero anche a contenere libagioni per gli spiriti della natura.

"*Mi sembra che i nostri bullaun, di norma, si trovino curiosamente associati a certe sorgenti o pozzi solitamente ritenuti sacri*", scrisse Wakeman nel 1891.[3]

È risaputo che l'acqua è in grado di trattenere la memoria e persino di rispondere ai nostri pensieri e sentimenti, come scoperto da Emoto in Giappone.[5] Forse le bullaun venivano utilizzate un tempo come primitivi dispositivi radionici, progettati per catturare e immagazzinare particolari energie, in determinati momenti speciali, nell'acqua della sorgente sacra?

Beltaine
Alla vigilia del Primo Maggio, all'inizio dell'estate, si accendevano falò in tutta la Scozia, il Galles e l'Irlanda e il bestiame vi passava attraverso per scongiurare le malattie. In origine il Primo Maggio celebrava l'origine della della creazione, con festeggiamenti presenti anche in Persia, India, Egitto e altrove. Il palo di maggio è legato all'Albero della Vita, un simbolo comune a molte culture. Il villaggio tradizione del palo di maggio con la danza dei nastri, è un revival del

Palo di maggio in Australia, 1998.

XIX secolo. In origine i festeggiamenti erano molto più sconclusionati e conosciuti in Irlanda per i loro 'matrimoni nel bosco'. I giovani una volta si accoppiavano e passavano la notte insieme alla vigilia del Primo Maggio. All'alba veniva abbattuto un albero e allestito nel villaggio, oppure la casa veniva decorata con rami freschi. Il re o la regina di maggio si mettevano alla testa della processione, portando i rami freschi alle famiglie, per celebrare la rinascita dell'albero, e venivano ringraziati e premiati.

I festeggiamenti a Beltaine includevano anche una veglia solare in un luogo elevato, dove il sole veniva incoraggiato a uscire dall'oscurità con l'aiuto di falò fino al sorgere del sole.

C'è anche una tradizione che vuole che il sole danzi all'alba del Primo Maggio (anche a mezza estate e a Pasqua). Ma non doveva mai essere guardato direttamente. Per questo le persone guardavano il sole attraverso il suo riflesso in uno specchio d'acqua. Le persone mettevano delle ciotole d'acqua sulla soglia per catturare i raggi del sole nascente. Scuotendo i piatti, l'acqua increspata permetteva alla luce del sole di danzare sulle pareti e sui soffitti e così i potenti raggi della dea venivano invocati per proteggere e purificare la casa.

Danza sacra
La tradizione del palo di maggio risale all'epoca in cui, in molte tradizioni popolari, *"l'albero della vita rappresentava l'asse del mondo, collegando il cielo e la terra e fornendo il percorso per l'ascesa sciamanica al cielo"*,

osserva Maria-Gabriele Wosien. I fedeli eseguivano anche danze circolari intorno ai loro edifici e monumenti sacri, imitando il movimento dei pianeti, poiché "*la danza sacra è un'espressione di identificazione con gli eterni schemi ciclici del cosmo, le forze creative del cielo in eterno movimento che ruotano intorno a un centro immobile. È una parte essenziale della tradizione religiosa di tutto il mondo ed era vitale per il culto cristiano primitivo*", afferma Wosien.[6] Tuttavia, le tradizioni di danza vennero bandite dalla pratica cristiana successiva, anche se alcune sopravvissero in alcune sacche.

Il 'clipping della chiesa' era una tradizione inglese che veniva messa in atto ogni giorno di Santa Brigida e che riecheggiava l'usanza originaria della festa di Imbolc, quando la danza rituale presso le sacre pietre erette era un'usanza.[8] Il 'clipping' della chiesa, che significa stringere o abbracciare, prevedeva che le persone si tenessero per mano e cantassero mentre camminavano intorno alla chiesa in senso orario, la 'via del sole' (nell'emisfero settentrionale), oppure che formassero un cerchio e avanzassero e si ritirassero tre volte intorno alla chiesa. Questa tradizione è stata mantenuta a Birmingham fino al 1800 e in molte altre chiese è terminata solo nel XIX secolo. Nel Radnorshire, in Galles, i cortili delle chiese erano luoghi di danze, giochi, feste e baldorie, e questo era comune anche in altre parti del Galles; mentre nello Shropshire i giochi nel cortile della chiesa di Stoke St Milborough si tenevano ancora nel 1820. A Painswick, nel Gloucestershire, il clipping è stato riportato in auge in tempi moderni, seguito da un sermone di clipping all'aperto, pronunciato dalla base del campanile della chiesa.

I Romani avevano una festa pagana, i Lupercalia, che prevedeva una danza sacra intorno all'altare del tempio. A partire dall'XI secolo, in alcune chiese si tenevano danze annuali su disegni di labirinti disposti sul pavimento della navata o vicino alla porta occidentale.[7]

Passeggiate sacre

La 'Battitura dei confini' era un rituale britannico annuale in cui le persone percorrevano i confini della parrocchia o della proprietà, spesso fermandosi presso monumenti precristiani lungo il percorso e una volta facevano offerte o sacrifici in punti specifici per placare gli spiriti locali del luogo. Spesso i camminatori colpivano le pietre di confine come mezzo per rienergizzare il luogo e invocare la protezione offerta dal confine.

La 'Via Crucis' era un percorso processionale sacro che segnava simbolicamente le stazioni della Via Crucis. La congregazione spesso si snodava su una collina, segnando le stazioni in sequenza ascendente, mentre in altri luoghi faceva un giro intorno alla chiesa e terminava all'altare.

Pozzi sacri

In Irlanda ci sono circa tremila pozzi sacri e molti modelli di pellegrinaggio venivano effettuati in occasione delle feste dei santi, spesso durante l'ultima quindicina di luglio o la prima quindicina di agosto, e in origine erano legati alle divinità del raccolto. Molti pozzi sono dedicati a Santa Brigida e a San Patrizio, ma ci sono molti pseudo-miti e spesso questi pozzi hanno nomi più antichi.

Gli schemi si concentrano spesso su siti sacri di grande antichità, con pellegrini che visitano bullaun, alberi sacri, cairn di pietra e pillar stones. Ma nonostante tutto ciò sembrasse una continuazione delle pratiche pagane, il motivo per cui la Chiesa finì per sopprimerle fu la dissolutezza e le lotte tra fazioni che si svolgevano la sera, dopo che le pratiche sacre erano terminate.

Le persone avevano forti motivazioni per seguire le tradizioni dei loro antenati. Molti si rivolgevano a loro per ottenere la guarigione. Presso alcuni pozzi sacri le persone malate dormivano su lastre di pietra, chiamate 'letti dei santi', in un regime simile agli antichi trattamenti greci attribuiti al dio guaritore Ascepio a Epidauros e altrove. [8]

Alla ricerca delle motivazioni alla base del pellegrinaggio ai pozzi sacri irlandesi, l'antiquario del XVIII secolo Reverendo Charles O'Conor chiese a un anziano che era solito visitare i pozzi di Roscommon. L'uomo spiegò che:

"I suoi antenati l'hanno sempre fatto; che era un conservante contro i sortilegi dei Druidi; che il loro bestiame era preservato da infezioni e disturbi; che le fate erano tenute di buon umore da questo pozzo e che si facevano penitenze, così come cure personali, con pozzi individuali che si riferivano a diversi disturbi, persino alla follia".[3]

I druidi

La casta di sacerdoti intellettuali dell'Irlanda precristiana era quella dei Druidi. Le somiglianze tra i concetti druidi e quelli cristiani abbondano. Entrambi credevano nella sopravvivenza dopo la morte e in uno spirito che abitava dentro di loro. I druidi celtici avevano persino una divinità, il capo degli spiriti degli alberi Hesus/Esus, che veniva sacrificato ogni anno su una quercia.

Secondo Robert Lewis, prima dell'"*invenzione di Gesù da parte degli Esseni*", i Druidi di Glastonbury, sede della prima chiesa cristiana in Inghilterra, "*crocifiggevano annualmente un dio, Hesus (Hu), sulle torri e sulle cime delle colline. Hesus era un portatore di legge, uno di una trinità con Beli/Belenus (il sole) e Taran/Taranus*", scrive.[9]

I missionari cristiani in Irlanda (e altrove) incontrarono una resistenza ostile al loro imperialismo religioso. Ci fu una grande distruzione di molte pietre erette e di tutti gli oggetti dedicati al sole. È difficile sapere cosa facessero i Druidi, soprattutto perché la loro era una tradizione orale. I collegi druidici probabilmente si dedicarono al nuovo ordine. Sotto il regime cristiano, i druidi furono forse chiamati 'Culdees', che si dice significhi lavoratori della magia. I Culdees diedero vita a un movimento riformista cristiano all'epoca della costruzione della Torre Rotonda ed alcuni pensano che siano stati proprio i Culdees ad esserne responsabili.

Oggi è ancora possibile studiare la via dei Druidi. In Inghilterra Philip Carr-Gomm ha guidato l'Ordine dei Bardi, degli Ovaioli e dei Druidi dal 1988. Ha organizzato gli insegnamenti dell'Ordine in un corso di formazione a distanza e l'Ordine è diventato il più grande e rispettato ordine druidico del mondo.

Riferimenti

1 - Lalor, Brian, *The Irish Round Tower*, origins and architecture explored, The Collins Press, Irlanda, 1999.
2 - McCrickard, Janet, *Eclipse of the Sun*, Gothic Image, Regno Unito, 1990.
3 - Wakeman, William F., *Handbook of Irish Antiquities*, Bracken Books, Londra, 1891.
4 - Bord, Janet e Colin, *Mysterious Britain*, Garnstone Press, UK, 1972.
5 - Emoto, Masaru, *Il Messaggio dell'Acqua*, Ehlers Verlag, Germania.
6 - Wosien, Maria-Gabriele, *Sacred Dance*, Thames and Hudson. UK. 1974.
7 - Miller, Ronald, *The Green Man*, SB Publications. UK.
8 - Harbison, Peter, *Pilgrimage in Ireland*, Barrie & Jenkins, Londra, 1991
9 - Robert Lewis, *The 13th Stone*, Fountainhead Press, 1997, UK.
10 - *The Book of Magic*, Chronicle Books, USA.

Torri rotonde Irlandesi

Capitolo 4.2 Torri rotonde Irlandesi

Viaggiando in Irlanda si rimane spesso stupiti dal senso di magia e di assenza di tempo. I monumenti dell'antichità rimangono ampiamente rispettati e sono meglio conservati e più numerosi che altrove in Europa. Una delle maggiori curiosità che spiccano sono le grandi torri rotonde a forma di razzo che punteggiano la campagna, emergendo audacemente tra le rovine dei centri monastici. Con uno stile tipicamente Irlandese, sono diventate un simbolo iconico della cultura indigena. Costruite in modo intelligente, con una forma semplice ed elegante, svettano su tutte le altre architetture. Inoltre, richiamano molto mistero.

Le guide turistiche affermano con disinvoltura che erano campanili e strutture difensive, ma nessuna delle due cose ha senso. In realtà sono stati dei pessimi rifugi durante i periodi di guerra: molte persone importanti e i tesori del monastero sono stati bruciati al loro interno. Inoltre, non è certo che suonare le campane all'ultimo piano fosse praticamente possibile.

Le torri sono sempre state oggetto di miti e leggende romantiche, dove un tempo le fanciulle venivano imprigionate o tenute al sicuro. Si dice che una mitica fanciulla sia stata ingravidata da un dio dall'alto che si è manifestato come una pioggia di luce dorata! Forse un visitatore di Sirio? Nelle leggende arturiane, quando Merlino (che si dice discendesse da una razza superiore) lasciò la Terra, "*si ricongiunse al suo popolo nel modo tradizionale, entrando in una Torre*". [1]

Il fascino delle torri raggiunge l'apice quando realizziamo modelli in scala ridotta di torri irlandesi e li mettiamo in giardino, per scoprire che le piante germogliano più velocemente e crescono più rigogliose in loro presenza. Ma le torri Irlandesi dovevano davvero fungere da antenne di pietra per sfruttare l'energia paramagnetica e far crescere meglio i raccolti, come sostiene Callahan? Analizziamo le teorie, i teorici e il contesto storico e architettonico per avere un quadro più chiaro.

Cosa è stato documentato su di loro?

Oltre settantacinque torri rotonde in vari stati di degrado si trovano sparse in ventotto delle trentadue contee Irlandesi, mentre altre otto sono menzionate negli Annali, ma oggi non se ne trova traccia. Gli antichi Annali d'Irlanda (che sono stati riscritti e modificati nel corso del tempo) contengono sessantatré riferimenti alle torri rotonde Irlandesi, chiamandole 'cloicteach', o case campanarie, e annotano ventitré eventi che si ripetono con variazioni.

Principalmente vengono riportati i disastri che colpirono le torri. Le tempeste e i fulmini hanno fatto la loro parte, così come le razzie, i saccheggi e gli incendi, a volte ad opera dei Vichinghi, ma più spesso di altri clan Irlandesi. Vengono registrati importanti ecclesiastici e nobili che morirono al loro interno, tra cui un re di Tara, ucciso da un'altra tribù nel 1076, e il re di Fir Manach nel 1176, bruciato dai suoi stessi parenti.

Negli Annali dei Maestri troviamo che nel 1020 *"il Campanile di Slaine fu bruciato dagli stranieri con il suo carico di reliquie e di persone illustri, insieme al Lettore di Slaine, al pastorale del santo patrono e ad una campana, la migliore delle campane"*. Le stragi di nobili suggeriscono che le torri, come le chiese, erano considerate luoghi di rifugio. Purtroppo il concetto di santuario veniva spesso violato, soprattutto dai Vichinghi.

Dopo gli Annali, non ci sono altri riferimenti storici alle torri irlandesi fino alla fine del XVII secolo, quando gli storici cominciarono ad interessarsene. Spesso si raccontavano storie imprecise e molto esagerate sull'altezza e la forma delle torri.

Torre rotonda di Turlough, Co. Mayo

Henry O'Brien, nel suo libro *Atlantide in Irlanda* del 1834, ha presentato un'interessante tesi secondo cui le torri rotonde Irlandesi sarebbero di origine Atlantidea. O'Brien riteneva che i rifugiati del continente sommerso fossero giunti in Irlanda. La sua teoria è priva di fondamento e fallace, ma è una lettura interessante.[2] (Tuttavia, non credo che ci sia una giustificazione sufficiente per continuare a pubblicarla).

L'Americano Ignatius Donnelly pubblicò una teoria simile nel suo libro del 1882. Donnelly riteneva inoltre che le torri rotonde fossero la prova che gli Atlantidei avevano colonizzato l'Irlanda. Le torri si trovano anche in Fenicia, Sardegna, Isole Shetland, Colorado, Nuovo Messico, India e Sud America, scrisse. Alcune di queste torri sono quadrate, ma, come nelle loro omologhe torri rotonde, si dice che le porte siano posizionate a circa un terzo dell'altezza.[3]

Le leggende Irlandesi si ricollegano certamente a questa idea. Hy-brasil o Tír na nÓg, quella grande isola o paradiso sommerso a ovest da cui partono le anime Irlandesi, si riferisce forse ad Atlantide. Si suppone che la scienza religiosa degli Atlantidei eccellesse nello sfruttare le forze elettro-magnetiche della Terra, per aiutare a mantenere la fertilità del suolo e la salute di tutti. Il diluvio biblico potrebbe riferirsi all'impatto del diluvio/terremoto/meteo/qualsiasi cosa che potrebbe aver innondato Atlantide circa 10.000 anni fa. Si parla di colate di lava e di alghe d'acqua dolce fossilizzate sotto l'Oceano Atlantico che risalgono a quell'epoca; mentre strutture sottomarine, come le piramidi nei Caraibi e oggetti curiosi come i ventitré misteriosi teschi di cristallo, hanno alimentato molte speculazioni.[4] Ma ad oggi nessuno ha trovato prove concrete di questa terra mitica. Forse non era una terra vera e propria?

Alcune delle prime influenze culturali delle razze megalitiche che abitavano la costa occidentale dell'Europa provenivano da ovest, probabilmente dalla Penisola Iberica, dove l'arte rupestre megalitica e la genetica umana corrispondono strettamente. Sono più propensa a pensare che gli Atlantidei possano essere stati una razza anfibia avanzata di esseri provenienti dal sistema stellare di Sirio che vivevano circa 10.000 anni fa sotto le acque dell'Oceano Atlantico. Nella moderna tradizione UFO, i 'dischi volanti' entrano ed escono regolarmente da vari corpi idrici per raggiungere le loro basi nascoste. Un'influenza Atlantidea potrebbe essere filtrata da ovest a est attraverso la regione Mediterranea (compresi Egitto, Grecia e Mesopotamia), prima di tornare nelle isole occidentali sotto forma di tradizioni misteriche continentali. Certamente molta mitologia Irlandese sembra avere radici greche, in particolare i misteri agrari.

O'Brien ottenne grandi consensi all'epoca della pubblicazione del suo libro, ma si rivelò un imbarazzo per l'establishment. Ben presto un altro Irlandese, George Petrie, cercò di soffocare le sue stravaganti teorie e pubblicò il primo studio scientifico sulle torri rotonde nel 1845. Da allora e per la maggior parte del XX secolo c'è stata una sorprendente scarsità di pubblicazioni sull'argomento per confutare la teoria Atlantidea. Nel 1979 il professor Barrow pubblicò il suo libro sulle torri Irlandesi, ma anche questo non è noto per la sua accuratezza storica. Barrow, ad esempio, assegna alle torri un'età molto più antica, facendole risalire all'epoca pre-cristiana.

Qualunque sia il loro scopo originario, grazie alle sue ricerche scientifiche iniziate durante la Seconda Guerra Mondiale, Callahan ha scoperto che le torri rotonde agiscono come 'antenne di pietra', in grado di raccogliere le energie cosmiche e di trasmetterle al suolo, favorendo così la crescita delle piante. Alcune delle conclusioni di Callahan, come il fatto che fossero precristiane, sono state tratte dal libro di Barrow.

Una delle intuizioni più interessanti di Callahan sulle torri è l'idea che la loro posizione, se vista su una mappa, rispecchi le posizioni delle costellazioni del cielo settentrionale al solstizio d'inverno, in una sorta di zodiaco terrestre. Beh, più o meno... Di notte Callahan è stato in grado di misurare radiazioni cosmiche lunghe 14,6 metri provenienti dal cielo notturno e raccolte da queste gigantesche strutture a forma d'onda.

Questo lo portò a ipotizzare che la loro creazione fosse frutto di un'antica conoscenza dell'astronomia. Il suo libro del 1984, *Antichi Misteri, Moderne Visioni - la vita magnetica dell'agricoltura*, ha aperto un nuovo campo di ricerca. Molti ritengono che le sue intuizioni siano tra le più grandi scoperte del XX secolo.[5]

Nel 1999 l'architetto Irlandese Brian Lalor ha prodotto il tomo più studiato e completo sulle torri rotonde. Lalor ha fotografato e descritto settantatré torri e ha cercato di datarle in base agli stili architettonici. Si tratta di un'aggiunta logica e gradita al dibattito sulla datazione e le colloca saldamente nell'epoca altomedievale solo in base allo stile.[6] Nel 2000 Roger Stalley ha pubblicato una piccola ma interessante guida sulle torri rotonde Irlandesi.[7] Ma per ogni teoria presentata per spiegare le torri, ci sono eccezioni alla regola. Sembra che stiamo solo grattando la superficie per comprenderle.

Che cos'è una torre rotonda Irlandese?

Le torri rotonde sono una forma architettonica unica in Irlanda. I missionari e i mastri costruttori Irlandesi furono probabilmente responsabili anche delle due torri in stile Irlandese che si trovano in Scozia e di quella sull'Isola di Man. Queste torri non devono essere confuse con le successive torri rotonde e quadrate costruite nel XIX secolo.

Delle trentasei torri ancora in piedi e complete, l'imponente torre pendente di Kilmacduagh, nella contea di Galway, è la più alta con i suoi 34 metri. È raffigurata sulla copertina di questo libro. Quaranta torri si trovano in associazione con insediamenti ecclesiastici sopravvissuti. Le altre sono isolate, ma in origine dovevano esserci dei monasteri.

Le torri hanno un rapporto tra altezza e diametro di circa 4 o 5 : 1. Le pareti si assottigliano dalla base. Le pareti si assottigliano dalla base con un angolo di due o tre gradi. L'angolo della calotta conica del tetto è spesso di circa 45 gradi, "*corrispondente al grado di latitudine dell'Irlanda*", che è legato all'angolo del sole, osserva Callahan. Tutto questo si sposa bene con la sua teoria... Ma guardando una mappa si nota che l'Irlanda non si trova affatto in una zona di 45 gradi, bensì di 52 gradi.

Essendo costruite con malta Romana, le torri erano in grado di svettare molto più in alto rispetto a qualsiasi altro edificio prima di loro. Erano così solide che una torre rotonda, a Clondalkin, a Dublino, è sopravvissuta all'esplosione di una polveriera a meno di otto metri dalla sua base nel 1786, distruggendo tutte le altre strutture vicine, tranne la torre. La torre rotonda di Maghera fu abbattuta da un terremoto, ma cadde e rimase intatta a terra, somigliando a un gigantesco cannone caduto.

Ornamenti e simboli

Le prime torri in stile arcaico erano per lo più semplici e prive di ornamenti, tranne alcune eccezioni. In seguito, quando gli stili Romanici divennero popolari, vennero adottati più ornamenti. I simboli cristiani sono rari sulle torri e di solito sono evidenti i motivi di tipo celtico. Diverse torri presentano occasionalmente un paio di teste scolpite, come nel caso di Devenish. Sebbene potessero rappresentare dei santi, questo portava avanti una tradizione celtica di lunga data: i Celti, infatti, veneravano molto la testa umana come sede del potere e dello spirito e la collezionavano in guerra come premio.

La torre di Devenish presenta un fregio decorativo sulla faccia del cornicione (che comprende losanghe e forme a S tra i bordi) e il Tempio di Finghin a Clonmacnoise presenta un singolare motivo a spina di pesce sulla calotta, un altro elemento di moda Celtica presente anche in alcuni edifici britannici dell'XI e XII secolo.

Una torre presenta una croce Celtica, un popolare simbolo pre-cristiano, mentre su un'altra si trovano volute a spirale. Sulla torre di Drumlane sono scolpiti due uccelli, uno dei quali è un gallo, un altro dei simboli celtici preferiti. Su una torre c'è una figura primitiva di crocifissione, ma potrebbe anche essere un richiamo a un tema precedente di morte e resurrezione ciclica di un re (o uomo verde), come da tradizione più antica.

Una torre sfoggia una Sheela na Gig, quelle figure femminili gargoylish e sessualmente esplicite, la cui vista si pensava aiutasse i popoli medievali a temperare i loro desideri carnali. È più probabile che sia nata come figura di una feroce dea della sovranità. In seguito, come simbolo di protezione e fortuna, i pellegrini spesso strofinavano i genitali esposti della Sheela, dice Harbison, a proposito di una di queste figure.[8] Prove di sfregamento sono evidenti anche sulle Sheela na gig che si possono ammirare al Museo di Dublino.

Pavimenti e finestre

La stragrande maggioranza delle torri rotonde ha le porte alte da terra e Lalor ritiene che solo le prime versioni avessero porte pericolosamente basse. I predoni irriverenti avrebbero visto queste torri con i portoni bassi come facili bersagli per i ladri. La porta più alta, a Kilmacduagh, si erge a nove metri dal suolo, smentendo l'idea che si potesse salire con una scala all'interno della torre. Forse un tempo si usavano scale di corda o di legno, ma non c'è più traccia di nessuna delle due.

L'orientamento delle porte è nella maggior parte dei casi verso est o quasi. In genere le porte della torre si affacciavano sulla porta d'ingresso occidentale della chiesa principale. Questo orientamento potrebbe essere dovuto a ragioni energetiche. Callahan ha misurato le energie ELF concentrate da antichi monumenti che vanno dalle strutture megalitiche alle torri rotonde e alle cattedrali gotiche. Ha scritto:

"Sembra che la maggior parte delle strutture curative/religiose... siano rivolte verso est, in modo che l'energia debole si trovi all'ingresso e quella forte sul retro, dove si trova l'altare o la camera di guarigione".[9]

All'interno della torre c'erano un tempo dei

pavimenti in legno, al di sotto dei quali si trovavano dei sotterranei in pietra grezza. Un seminterrato della torre ha una finestra. Nei sotterranei delle torri di Glendalough e Kilmacduagh si trovano insoliti piccoli passaggi orizzontali in pietra, simili a tubi rettangolari, che attraversano il muro del sotterraneo. Forse servivano per il drenaggio o per l'aerazione.

Il secondo piano delle torri potrebbe essere stato il più importante, poiché vi sono spesso mensole (pietre sporgenti) che potevano essere utilizzate come ganci per appendere le cartelle di cuoio che contenevano i manoscritti speciali del monastero e altri tesori. Lalor si riferisce a questo piano come al piano del tesoro.[6]

Sei delle torri hanno finestre molto grandi al secondo piano, tutte delle dimensioni di una porta, e quattro di queste sono rivolte verso est. Le finestre del piano del tesoro si trovano generalmente a sinistra o a destra della porta. Poiché questo era l'unico piano decentemente illuminato (e alcuni piani non avevano finestre), è possibile che qui venissero conservate reliquie e oggetti di valore.

In generale, una volta posizionata la finestra del secondo piano sopra la porta, le altre finestre di solito salgono a spirale da lì, in senso orario o antiorario. In questo modo, la visuale si allargava per favorire le vedute. Ma imitava anche lo stile dei campanili continentali, la cui disposizione era dettata da scale a chiocciola. Le finestre erano piuttosto piccole e posizionate al livello del pavimento.

L'ultimo piano è l'unico con caratteristiche distintive, anche se la maggior parte delle torri ha perso i piani superiori. Spesso qui si trovano quattro finestre rivolte più o meno verso le direzioni cardinali e anche finestre allineate per guardare le strade principali o le valli.

Per quanto riguarda la costruzione di campanili, il livello di difficoltà sarebbe stato elevato. Il cronometraggio attraverso il suono delle campane era importante perché assicurava che le attività del monastero si svolgessero come un orologio e che i ritardatari venissero puniti. Salire al cosiddetto piano delle campane molte volte al giorno sarebbe stato arduo, con tutte quelle scale da salire.

Non esiste un meccanismo superstite che permetta di utilizzare campane e corde sulle torri originali e non sono state ritrovate campane di questo tipo. I riferimenti alla distruzione di campane grandiose negli Annali si riferivano a campane a mano indigene, finemente lavorate, che erano in voga in Irlanda all'epoca della costruzione delle torri.

Campane a mano, Hunt Museo, Limerick.

Forse venivano suonate dalla porta o dalle finestre del tesoro. Le tipiche quattro finestre 'a campana' potrebbero avere a che fare con il rituale liturgico del suono delle campane, in quanto creano la forma concettuale a croce, ma ci sono molte eccezioni. Kilmacduagh ha sei finestre all'ultimo piano.

È interessante notare che la maggior parte delle campane a mano sono state realizzate nell'VIII-X secolo e che la produzione di campane sembra essere passata di moda dopo il 900 d.C. circa, proprio nel periodo in cui la costruzione delle torri era al suo apice. Se ne conoscono solo alcune del XII secolo. [7]

Evoluzione architettonica

La torre rotonda era una forma puramente importata o è un'espressione della spiritualità e della cosmologia Irlandese? Esistono prove di una progressione evolutiva verso questa forma? A partire dal 10.000 a.C. circa, i popoli neolitici dell'Europa occidentale iniziarono a costruire lunghi tumuli rettilinei, noti anche come dolmen e cromlech, fatti di pietre massicce, legno e terra. Questi monumenti cerimoniali ai morti sono tra i più antichi monumenti umani ritrovati. Sono sopravvissuti circa quarantamila tumuli lunghi.

Lo stile cambiò intorno al 3000 a.C., quando i monumenti circolari divennero di moda. In Irlanda (ma anche nel Galles settentrionale e nella Scozia settentrionale) questi santuari funerari erano costruiti come giganteschi tumuli rotondi con uno o più passaggi rettilinei che conducevano a camere centrali in pietra, come le impressionanti tombe a passaggio di 5.000 anni fa che si trovano a Newgrange. Queste avevano incisioni in pietra all'interno ed erano orientate verso il sole, di solito allineate al solstizio d'inverno.[10]

In origine tutti gli insediamenti più importanti si trovavano all'interno di grandi terrapieni circolari chiamati 'lios' (che letteralmente significa recinti per il bestiame) o 'fortezze ad anello' (che erroneamente suggerisce uno scopo puramente difensivo). Anche le tombe di passaggio e i cashel d'Irlanda sono strutture circolari. Forse la forma circolare trasmetteva un senso di protezione sacra e magica. Lalor sostiene che la torre rotonda non sia altro che un cashel in pietra con l'aggiunta di cemento Romano, il nuovo materiale che le permetteva di svettare verso l'alto, a imitazione dei campanili del continente.[6]

La Grianan of Aileach (Casa di Pietra del Sole), nella contea di Donegal, è la più famosa antichità dell'Ulster. Si trattava di un sito reale occupato dal V al XII secolo circa, anche se altri gli hanno attribuito un'antichità ben maggiore. Lo scrittore greco Ptlomey ne parlò nel 140 d.C. Questa bassa torre di pietra, costruita sulla cima di una collina rotonda a 263 metri sul livello del mare, si erge da tre grandi bastioni circolari di terra concentrici. Da questo punto centrale si possono ammirare cinque contee. Si dice che la radiestesia trovi molte 'ley lines' che convergono su di esso. L'unico ingresso è rivolto a est, come è tradizione per tutti i forti ad anello. L'opera in pietra di questo importante edificio presenta tutti gli elementi di design delle torri rotonde in stile arcaico. Vale a dire, il design circolare con pareti malconce (inclinate verso l'interno), le porte con architravi primitivi e gli stipiti inclinati.

Grianan è un nome generico che indica un edificio in pietra situato sulla cima di una montagna, dove il sole batte per primo; in seguito è diventato il nome di una stanza del sole in cima a una casa. Tradizionalmente era la dimora delle donne, dove gli uomini erano banditi. Nelle leggende questi grianan venivano rappresentati come luoghi di prigionia, dove le figlie venivano tenute lontane dagli uomini. Erano anche la sala del trono delle eroine matriarcali. Si dice che le regine delle fate vivessero in grianan fatti di cristallo - 'bowers delle fate'. Si dice che il Grianan di Aileach fosse governato da tre 'principi': il sole, la luna e le stelle. Quindi potrebbe aver funzionato in parte come osservatorio. Il cashel fu distrutto nel 676, poi di nuovo nel 1101 dal re di Munster e successivamente 'restaurato' nel XIX secolo. È uno dei pochi monumenti rimasti della tarda età del ferro; gli altri cashel di quel periodo sono Dun Aenghus, a Inishmore nelle isole Aran, e Staige Fort, nella contea di Kerry. Altri indizi circolari sono visibili nel paesaggio. I cerchi di pietre e le pietre erette abbondano in Irlanda. Molte di queste pietre megalitiche funzionano energicamente ancora oggi.

Nelle antiche società agrarie il culto della fertilità celebrava i cicli delle stagioni e il rinnovamento culturale. Le persone si appellavano ritualmente alle forze della natura per garantire l'armonizzazione delle energie terrestri e cosmiche. La natura fallica delle pietre erette e delle torri sembra adatta, se davvero dovevano convogliare le forze cosmiche yang nel grembo della Madre Terra.

Lalor ha ideato un metodo di datazione cronologica approssimativa delle Torri basato sugli stili architettonici. È molto convincente, anche se afferma che gli

stili di muratura non sono così affidabili perché non c'è una progressione logica. I muratori Irlandesi erano conservatori e si attenevano per lo più ai vecchi stili. Lo stile delle torri rotonde è rimasto costante nel corso dei duecentocinquanta anni di costruzione. In effetti, il concetto generale di pianificazione circolare è durato in Irlanda più a lungo che in qualsiasi altro luogo d'Europa, dal tardo Neolitico al tardo Medioevo, essendo stato utilizzato prima per scopi funerari e rituali, poi domestici, militari ed ecclesiastici.

La tradizione edilizia autoctona, rimasta statica per cinquecento anni, cambiò solo quando nell'XI secolo divenne di moda uno stile Romanico più decorato. Le cose cambiarono totalmente nel XII secolo, quando vennero introdotti con la forza i metodi rettilinei e ordinati dei Normanni invasori.

Ma il vecchio modello di pianificazione circolare è ancora evidente intorno a molti importanti centri ecclesiastici, nella disposizione delle case e delle strade. Un'altra caratteristica ancora associata alle torri e ai monasteri sono i filari di alberi che costeggiano le strade che portano a questi insediamenti.

Dall'età del bronzo a quella del ferro
Le popolazioni Celtiche pagane, dotate di tecnologie avanzate, si riversarono in Irlanda tra il 650 e il 300 a.C. circa e iniziarono a soppiantare in parte la cultura nativa. La società non cambiò molto, tuttavia, e dopo le invasioni celtiche l'Irlanda godette di un lungo periodo di indipendenza relativamente pacifica, fino all'invasione Normanna del 1169 d.C.

L'Età del Ferro (Irlandese) terminò intorno al V secolo. Nel corso della sua storia, il volto dell'Irlanda cambiò molto rapidamente: i boschi lasciarono il posto alle terre coltivate, con l'avvento di nuovi strumenti agricoli in ferro. Questo è testimoniato dai dati pollinici. Il cambiamento fu notevolmente accelerato nel IV-V secolo e questo probabilmente riflette l'introduzione dell'aratro di ferro.

È interessante notare che la tradizione afferma che il ferro tiene lontane le fate e le streghe. Si dice che una chiave di ferro posta sotto una sedia renda innocua una strega. Con l'Età del Ferro iniziò la scomparsa delle vecchie tradizioni. Il ferro è noto ai radiestesisti per la sua capacità di 'interrompere' le energie sottili e, dato che il paesaggio è stato così drasticamente modificato durante l'Età del Ferro, è facile capire perché alcuni considerino il suo avvento come il preannuncio della fine di un rapporto più armonioso dell'umanità con la natura.

Durante i millenni di indipendenza, l'Irlanda sviluppò una cultura di relativa pace con un sorprendente egualitarismo. Ognuna delle cinque province era controllata da alleanze tese di circa centocinquanta dinastie minori e principali, che rivendicavano la regalità su tribù solitamente piuttosto piccole (chiamate tuatha), con legami di parentela molto forti.

Si pensa che in questo periodo la popolazione totale fosse di circa mezzo milione di persone. I gruppi di clan, che comprendevano quattro generazioni legate a un antenato comune, vivevano insieme all'interno dei loro recinti di terra rampanti, i ringforts. Tra i gruppi c'erano molte razzie e guerre. La cultura indigena, sebbene frammentata dalla politica di una moltitudine di regni, era sorprendentemente coesa in tutta l'isola.

Le leggi Brehon, un codice praticamente nazionale, esaltavano la giustizia e il fair play e conferivano alle donne uno status abbastanza buono. A livello internazionale, gli Irlandesi divennero famosi per la loro saggezza e conoscenza. Il loro sistema legale funzionava nonostante l'assenza di un'amministrazione centrale. Dipendeva dal consenso e dall'autorità di studiosi legali specializzati - i Brehan - che erano sostenuti dai magnati locali.

L'arrivo del cristianesimo

L'era cristiana significò la fine formale del paganesimo, anche se non lo eliminò del tutto. La chiesa fu abbastanza astuta da riutilizzare semplicemente i siti pagani, in modo da ottenere più facilmente la fedeltà del popolo. Dopotutto, i Romani avevano avuto credenze pagane simili a quelle degli Irlandesi. Così nel 60 d.C. Papa Gregorio I scrisse a Sant'Agostino in Britannia esortando a non distruggere i templi pagani, ma a cercarli, purificarli e convertirli in chiese.

Nonostante questa parvenza di continuità, c'era un'enorme resistenza alla nuova religione, in quanto la tradizione popolare irlandese era così forte. Tuttavia, si diceva che la cosiddetta chiesa Celtica fosse una fusione di paganesimo e cristianesimo. Ma questo potrebbe essere un giro di parole! Molte immagini e pratiche pagane furono sicuramente assorbite, ma non così tanto come in Italia, Sicilia e Grecia. Secondo il moderno druido Phillip Carr-Gomm, la Chiesa Celtica era in realtà un mito promulgato dai riformisti protestanti che volevano ripristinare la loro religione più 'autoctona' come alternativa al cattolicesimo romano. Le ricerche condotte negli anni '70 hanno sfatato il mito della chiesa Celtica, afferma Carr-Gomm.[10]

Già nel 431 d.C. il primo vescovo d'Irlanda, Palladio, fu inviato dalla Britannia Romana, quindi doveva esserci già una popolazione cristiana consistente per giustificare questa scelta. In seguito, San Patrizio arrivò di sua iniziativa dal Galles, spinto da una visione, per diffondere la nuova religione nella metà settentrionale dell'isola. La forza del paganesimo Irlandese e in particolare del culto del sole è evidente quando nel V secolo San Patrizio avrebbe detto agli Irlandesi che 'Cristo è il vero sole'. Ma l'idea dell'ascesa di Patrizio aveva più a che fare con la politica che con altro. La maggior parte delle storie sulle sue avventure erano semplicemente inventate per dare forza alla chiesa di Armagh nella sua lotta per la supremazia.

A quei tempi era evidente l'influenza Romana e continentale, con i suoi progressi tecnologici. Tuttavia, quando iniziò la costruzione delle torri, circa 500 anni dopo San Patrizio, i costruttori rimasero fedeli ai loro stili arcaici, a riprova dell'assenza di una forte influenza straniera.

Tra il V e il XIII secolo, gli insediamenti agricoli dispersi nelle praterie aperte erano numerosi. Si conoscono fino a cinquantamila insediamenti di ringfort. Questi proteggevano le case delle tribù e il bestiame dai lupi, con recinzioni in cima ai bastioni. (Alcuni ringfort erano centri di potere politico, altri insediamenti monastici e molti di questi probabilmente erano entrambi. Ognuno di essi era autosufficiente, con competenze in tutti i mestieri praticati. Il livello tecnologico era all'altezza di qualsiasi altro luogo, con un solo elemento mancante: praticamente non si produceva ceramica. Si faceva totale affidamento sul legname proveniente dalle foreste, un tempo abbondanti.

I monasteri
Nel VI secolo la chiesa Irlandese iniziò ad adottare le idee del monachesimo provenienti dall'Egitto e dalla Siria. Il concetto si adattava molto bene ai

modelli di insediamento già esistenti. Ben presto la comunità monastica divenne l'espressione chiave della chiesa Irlandese primitiva, mantenendo la continuità sociale e l'ordine. L'abbazia era una questione di eredità familiare e di legami di parentela. Così il fondatore del monastero e i santi erano sempre di nobile nascita o imparentati con le famiglie dominanti. Le città monastiche erano strutturate in modo organico, a differenza degli ordini religiosi altamente organizzati del continente. Gli edifici erano piccoli e non illuminati, fino alla costruzione di torri, con tante piccole chiese e strutture associate posizionate qua e là. Le chiese in legno, o addirittura in bacche e sterpi, erano la norma, tranne che nell'ovest, dove la roccia era abbondante. Nel X secolo le chiese in legno erano già state sostituite da quelle in pietra, mentre gli edifici meno importanti erano ancora in legno.[7]

Il pellegrinaggio Irlandese all'estero

Il monaco tedesco Strabone, nel IX secolo, parlò del "*popolo Irlandese, il cui costume di viaggiare in terre straniere è ormai diventato quasi una seconda natura*". I pellegrini Irlandesi erano conosciuti come 'peregrini' nella grande epoca dei pellegrinaggi verso Roma e il continente, iniziata intorno al VI secolo. Si può immaginare l'emozione e l'avventura che offriva il pellegrinaggio, che doveva essere un esercizio costoso ed esclusivo solo per le alte sfere della società. I re, i capi e il clero dell'alta società erano i primi turisti Irlandesi.

Esistevano percorsi di pellegrinaggio ben organizzati, con appositi ostelli Irlandesi. Durante questi viaggi, i vescovi irlandesi ordinavano sacerdoti e gli studiosi irlandesi venivano assunti nelle corti carolinge. Le autorità secolari continentali non vedevano di buon occhio il comportamento dei pellegrini Irlandesi e nell'VIII secolo erano diventati persone non grate in terre straniere e venivano incoraggiati a tornare a casa in Irlanda.

I pellegrini ricchi, durante le loro peregrinazioni, avrebbero guardato con meraviglia gli edifici ecclesiastici dell'impero carolingio (in Francia, Germania e Belgio) e avrebbero notato con invidia le forme degli edifici, come i campanili, mai visti in Irlanda. La scala degli edifici del continente era molto più grande di quella dell'Irlanda e doveva incutere loro una certa soggezione. I campanili italiani erano presenti nei principali centri di pellegrinaggio continentali, a Roma, Ravenna e in altri luoghi. I pellegrini devono aver deciso che anche loro dovevano avere questi imponenti status symbol per i loro monasteri in patria.[8]

Le riforme spirituali introdotte in Irlanda dal movimento Culdee intorno all'800 d.C. scoraggiarono i pellegrinaggi internazionali e alcuni hanno attribuito a loro la costruzione delle torri. I Culdee sono stati anche associati ai Druidi.

L'epoca della torre rotonda

A partire dall'VIII secolo, i centri di pellegrinaggio Irlandesi cominciarono a sorgere ovunque e probabilmente le torri iniziarono a essere costruite a partire da questo periodo (anche se alcuni pensano che sia stato a partire dal X secolo). I campanili continentali sarebbero stati emulati in patria dagli scalpellini locali che conoscevano solo gli stili architettonici arcaici vernacolari. Furono in grado di adattare la forma del cashel dell'Età del Ferro grazie alla grande innovazione del cemento Romano e così le torri salirono verso il cielo. Le torri costituivano un grande punto di riferimento per i pellegrini da lontano, una vedetta in caso di problemi, una tesoreria e un luogo da cui suonare abitualmente le campane a mano.

Le torri venivano erette nel recinto del cimitero a varie distanze dalla chiesa ed erano tipicamente orientate a sinistra o a destra della porta occidentale della chiesa originaria, cioè a nord-ovest o a sud-ovest. Negli insediamenti monastici non c'erano altre pianificazioni e le chiese venivano aggiunte ad hoc, allineate in direzione est-ovest in modo che la loro estremità dell'altare fosse rivolta verso Gerusalemme. Solo la torre rotonda sembrava avere una relazione spaziale speciale con la chiesa principale.

È possibile che questa posizione privilegiata imiti direttamente l'abitudine continentale di avere il campanile come uno degli elementi architettonici noti come 'opera d'arte occidentale'. Le torri Carolinge furono costruite a ovest della chiesa tra l'VIII e il X secolo. A differenza delle torri Irlandesi, anch'esse costruite in quell'epoca, questi campanili erano agganciati, cioè attaccati ad altre strutture o l'uno all'altro.[6]

L'accostamento Irlandese aveva ovviamente uno scopo logico, che doveva essere puramente pratico. I fedeli non potevano entrare nelle piccole chiese e dovevano radunarsi intorno alle alte croci all'esterno e accanto alla torre, da dove potevano vedere tutto ciò che accadeva.

Il pellegrinaggio Irlandese

La nuova attenzione al pellegrinaggio in Irlanda incorporava molte pratiche pagane originarie e ci si chiede quale rilevanza avesse per il culto cristiano. Fortunatamente ha conservato molte affascinanti usanze popolari. Le divinità pagane vennero semplicemente rinominate e si applicò una patina di cristianesimo alle feste e alle pratiche autoctone che celebravano le forze fertili della natura e i poteri curativi dell'acqua, della terra e della pietra. Ad esempio, le importanti pratiche di pellegrinaggio a Mt Brandon erano un'eco sommessa delle attività precedenti che celebravano il raccolto e la sua divinità la domenica di Crom Dubh, l'ultima domenica di luglio. Il pellegrinaggio prevedeva una veglia notturna fino alla cima della montagna sacra, con preghiere in un oratorio in rovina sulla cima, che veniva poi circondato dai pellegrini. Da lì i pellegrini si dirigevano verso antichi tumuli e un pilastro chiamato Pietra delle Schiene. Si stava in piedi con la schiena appoggiata a questo pilastro per curare il mal di schiena.

Dopo aver scalato la vetta, era consuetudine tornare al villaggio di Cloghane per partecipare a giochi, atletica, volteggio di cavalli, danze, canti, feste e corteggiamenti. Nel XVIII secolo i chierici cattolici cercarono di eliminare questa allegria. Nel 1868 un vescovo fece rivivere la tradizione per un po'. Oggi Cloghane è una delle poche località rimaste in Irlanda che celebra il raccolto in questo fine settimana di fine estate, una delle principali attrazioni turistiche della regione.

Una celebrazione del raccolto di quattro giorni si svolge ogni anno a Glendalough, il più importante dei centri di apprendimento, a sud di Dublino. La reputazione di chiasso, ubriachezza e di qualche lotta tra fazioni ha fatto sì che la chiesa cattolica vietasse il pellegrinaggio nel 1862. È uno dei pochi luoghi di pellegrinaggio che ha una strada di pellegrinaggio ben definita che conduce ad esso, da Wicklow ovest e attraverso il Wicklow gap. All'inizio di questa strada, vicino a Hollywood, è stata scoperta una pietra di granito con un labirinto scolpito. Come si vede qui sotto, ora si trova abbandonata nel Museo di Dublino.

La chiesa ha anche vietato il pellegrinaggio da Inishcealtra, nella contea di Clare, su un'isola nel basso Shannon, dove le leggende parlano di un albero sacro. Le celebrazioni per la festa del santo patrono, che si tengono presso il Lady Well, coincidono con la festa del raccolto. Lì si erge una torre rotonda alta 24 metri. Il divieto fu emanato quando la chiesa si stancò dei ragazzi del luogo che portavano via le giovani fanciulle per sposarle con il 'legno verde', come era antica usanza, e si lamentava che nessuna legge potesse impedirglielo.

In un centro di pellegrinaggio a Inishmurray, al largo della costa di Sligo, i pellegrini hanno visitato il pozzo sacro di San Molais, per poi recarsi a una collezione di rocce arrotondate chiamate 'pietre maledette', su alcune delle quali erano state incise delle croci per dare una parvenza di rispettabilità! Queste pietre sono una delle caratteristiche più celebri dell'isola. Questa tradizione, ovviamente pagana, consisteva nel lanciare maledizioni prima digiunando, poi camminando intorno al luogo in senso antiorario, girando le pietre per tre volte e lanciando ogni volta la propria maledizione. Se la maledizione era ingiustificata, si ritorceva contro il maledicente. Durante la Seconda Guerra Mondiale Hitler fu maledetto in questo luogo. Vicino a una grande pietra verticale con dei fori agli angoli, era consuetudine che le future mamme infilassero le dita nei fori per garantire il successo del parto.

Un'altra caratteristica curiosa nei siti di pellegrinaggio e monastici sono le antiche pietre cerimoniali chiamate bullaun, che presentano fino a nove depressioni simili a scodelle. A volte sono associate a cure, come la rimozione delle verruche. Meno comunemente, le pietre arrotondate conservate in alcune cavità dei bullaun venivano utilizzate come pietre maledette, girate per lanciare una maledizione. È stato suggerito che l'acqua contenuta nelle cavità potrebbe essere stata utilizzata per 'catturare' i raggi del sole in giorni speciali, quindi potrebbero essere state utilizzate come semplici dispositivi radionici per la creazione di rimedi e la trasmissione di maledizioni.

Le tradizioni di pellegrinaggio a Glencolmcille, nella contea di Donegal, dimostrano che qui la patina di cristinità era molto sottile! Si iniziava dalla cappella protestante e da qui si procedeva a piedi nudi verso la prima stazione, un tumulo megalitico, dove ci si inginocchiava e si pregava. Alla seconda stazione si cammina intorno a un pilastro decorato per tre volte e si prega, inginocchiandosi di nuovo. Alla terza stazione ci si inginocchia su un tumulo di pietra con speciali incavi per le ginocchia, poi il pellegrino prende una pietra arrotondata, si benedice con essa, la passa sulla parte posteriore del corpo e la gira davanti per tre volte. Alla stazione successiva, la cappella di St Colmcille, c'è una lunga lastra di pietra conosciuta come il letto di St Colmcille, dove ci si sdraia, ci si gira tre volte e poi si scende con la mano sinistra per prendere un po' di terra da sotto il letto. Questa viene conservata come protezione contro il fuoco e come cura per il mal di testa e altri disturbi. L'argilla viene anche rimossa da sotto una grande pietra con una croce in cima, che si dice esaudisca i desideri. (L'argilla è ampiamente conosciuta come rimedio per molti problemi di salute).

Nell'importante città monastica di Clonmacnoise, nel centro del paese, è stata portata alla luce una bellissima torcia d'oro risalente al 3.000 a.C. circa, probabilmente simile a quella qui sotto. Qui i pellegrini si recavano al santuario del fondatore San Ciaran e prendevano un po' di terra argillosa da portare a casa e da inzuppare nell'acqua da bere, come "*rimedio sovrano contro le malattie di ogni genere*". La torre rotonda di Clonmacnoise è quasi, ma non esattamente, in linea diretta con il Cammino di Santiago, mentre si avvicina al santuario della tomba di San Ciaran. Si dice che Clonmacnoise sia posizionata sotto Polaris, la stella del polo nord, sulla mappa stellare del cielo settentrionale.

L'uso della terra della tomba di un santo per ottenere guarigioni era ampiamente praticato in tutta Europa e oltre nei primi anni del cristianesimo. Anche le campane e altre reliquie erano spesso associate a guarigioni e miracoli.[8] In effetti, le reliquie erano un'importante attrattiva per i numerosi centri di pellegrinaggio ed è facile immaginare l'invidia per le reliquie che avrebbe potuto generare le razzie dei monasteri, come una continuazione della rivalità e delle guerre che erano sempre esistite tra i vari clan. La produzione di reliquie false era un grande business a quei tempi.

Si può immaginare che i pellegrini affamati di souvenir esaurissero presto le riserve di terra e argilla di questi luoghi. Non c'è da stupirsi quindi che in alcuni edifici dei centri di pellegrinaggio siano state costruite delle barricate e che le porte delle torri rotonde fossero alte, per tenere lontane le masse curiose e i cercatori di miracoli e per mostrare in modo sicuro le reliquie custodite ai pellegrini sottostanti.

Templi del fuoco?

O'Brien pensa che alcune torri rotonde possano essere state collegate al culto del fuoco sacro. Notò che il Venerabile Beda, citato nella Vita di San Cuthbert, si lamentava del fatto che in Irlanda esistevano ancora numerosi recipienti per il fuoco, risalenti all'epoca pagana. I resti di 'case del fuoco' con il tetto basso in pietra, simili a quelle persiane, sono associati alle torri di Ardmore, Killaloe, Down, Kerry e Kells, scrisse.[2] La torre rotonda adiacente alla cattedrale di Brechin in Scozia è nota come 'torre del fuoco'.[11]

Il tempio del fuoco potrebbe essere stato una delle prime strutture sacre all'interno degli insediamenti. A Inishmurray, al centro dei suoi resti ecclesiastici, c'è un grande cashel in pietra a secco che copre circa un terzo di un acro, con suddivisioni interne a basso muro. Due chiese in pietra e malta risalgono al 7-900 d.C., mentre il muro esterno è probabilmente dell'età del ferro. Nell'angolo occidentale del cashel si trovano due edifici, una chiesa e una 'Casa del Fuoco' che, secondo Peter Harbison, potrebbe essere tardo medievale. C'è un ingresso in entrambi i lati lunghi di questo edificio rettangolare con un focolare quadrato al centro. Secondo la tradizione, il fuoco veniva tenuto costantemente acceso in questo luogo. Nelle vicinanze si trovano le famose 'pietre maledette', antiche capanne ad alveare (capanne di pietra) e una casa del sudore vicino a un pozzo sacro.[8]

Quasi fino ai tempi moderni, l'antico culto della dea Brigid/St Brigit è continuato nel suo sacro santuario per sole donne a Kildare, vicino alla Round Tower. Diciannove 'vergini vestali' si occupavano di un fuoco eterno, mentre il ventesimo giorno del ciclo si diceva che il fuoco fosse miracolosamente curato da Brigit stessa. Fino al XVIII secolo si cantava un'antica canzone dedicata a questa dea che si era fermata:

>Brigit, donna eccellente, fiamma improvvisa,
>possa il sole ardente portarci nel regno duraturo.

La conquista Normanna

Durante il loro periodo di massimo splendore, le torri subirono ogni sorta di insulti, riportati negli Annali, da parte di avidi capi vicini, oltre a qualche incursione vichinga. La differenza tra gli attacchi degli Irlandesi e quelli dei vichinghi era che questi ultimi non osservavano il concetto di santuario che era stato associato ai monasteri, sebbene anche gli Irlandesi ne abusassero spesso. L'aderenza alle regole di combattimento e all'ordine sociale in Irlanda avrebbe forse considerato le torri come utili rifugi in guerra, fino a quando questo non fu messo alla prova molte volte e fallì miseramente.

Dopo che i Normanni furono invitati a portare i loro mercenari per sostenere la lotta di un re locale per il furto della moglie nel 1169, fu l'inizio della fine della pianificazione sociale e dell'autonomia organica. Il mondo altamente ordinato dei Normanni, caratterizzato da principi costruttivi rettilinei, usurpò il modo organico e curvilineo dei nativi Irlandesi e diede inizio a ottocento anni di repressione da parte degli Inglesi. I nativi Irlandesi furono cacciati dalle loro terre fertili e lasciati a cavarsela da soli in regioni più inospitali. Da quel momento in poi non furono più costruite torri.

Negli anni '40 del XIX secolo, una devastante epidemia di patate uccise milioni di persone, molte delle quali emigrarono in America e in Australia. I coloni inglesi fecero ben poco per aiutare gli Irlandesi a morire di fame. La popolazione, che all'epoca era di circa nove milioni di persone, scese a circa sei milioni nel 1851 (e al giorno d'oggi è di circa 4,761 milioni).

Rinascita della torre rotonda

Nel XVIII secolo il nazionalismo in Irlanda era in ascesa e il popolo romanticava le uniche torri Irlandesi come la quintessenza del proprio paese. Viste come potenti simboli nazionali, insieme ai cani lupo e alle arpe Irlandesi, nuove torri iniziarono a essere costruite in tutta l'Irlanda per imitazione. Nel XIX secolo anche molte delle torri originali sopravvissute erano state rimesse in funzione e ricostruite o 'restaurate' dalla chiesa, ma non sempre nella loro forma originale.

Furono dotate di piani e scale e le cime furono ridisegnate per creare dei veri e propri campanili. Spesso le calotte erano state spazzate via da un fulmine, quindi non conosceremo mai la loro forma originale. I fulmini sono stati la più grande minaccia per le Torri in tutta la loro esistenza. Le ristrutturazioni del XIX secolo includevano l'installazione di parafulmini, il che fu un grande vantaggio. Ma non ne vennero più utilizzati dopo la dissoluzione della chiesa nel 1871.[7]

Cosa probabilmente non erano le torri

Alcune delle idee di Callahan sulle torri derivano dal libro di Barrow che, secondo Lalor, è una fonte di informazioni inaffidabile. Barrow affermava che per riempire lo spazio tra il primo piano e il livello del suolo delle Torri erano stati utilizzati cumuli di terra. Callahan aveva dedotto che si trattava di un modo per sintonizzare queste 'antenne' di pietra su determinate frequenze di onde radio provenienti dallo spazio. In nessuna torre in Irlanda ho visto prove di ciò e certamente i rilievi architettonici riportati nel libro di Lalor indicano l'esatto contrario. In effetti, gli scantinati vuoti sono comuni e uno di essi ha persino una finestra, anche se è possibile che siano stati saccheggiati da cercatori di tesori molto tempo fa.

Nel libro *Secrets of the Soil*, le scoperte di Callahan in relazione alle torri Irlandesi iniziano con l'affermazione che le finestre delle vecchie torri erano orientate in modo da proiettare ombre per indicare i quarti dell'anno. Non ho trovato alcuna prova a sostegno di questa affermazione, che è diversa per ogni torre.

Inoltre, non c'è alcuna indicazione di una buona crescita delle piante intorno alle torri, come ipotizzato da Callahan. In effetti, oggi le torri tendono a trovarsi all'interno di cimiteri, con alcune tombe che vi si addossano. Secondo Lalor, ci sono prove che le tombe erano preesistenti nei luoghi in cui sono state costruite le torri. Le foto delle torri che non ho visitato mostrano spesso ambienti desolati e ostili. È difficile credere che all'interno del complesso ecclesiastico si praticasse il giardinaggio. Tradizionalmente il cibo per il monastero veniva coltivato in una fattoria nelle vicinanze e non certo all'interno del terreno sacro della chiesa.

Quindi non ci sono prove evidenti che le Torri siano state costruite deliberatamente per migliorare la crescita dei raccolti, come sostiene Callahan. C'è molto clamore intorno alle Torri. Ma questo non nega il fatto che le torri abbiano effetti energetici che possiamo replicare nel nostro giardino per ottenere buoni risultati.

Torre rotonda di Musk con campanili aggiunti nel tardo Medioevo.

Per quanto riguarda il concetto di campanile, è possibile che siano state concepite come campanili, ma sembra che le campane Irlandesi siano passate di moda proprio quando le Torri hanno iniziato a essere costruite. Quindi forse il loro ruolo di tesoreria del monastero era una funzione più importante della Torre.

Congetture

Non vedo nulla che suggerisca che i monaci Irlandesi costruissero deliberatamente torri come 'ricevitori radio dell'età della pietra', come afferma Callahan. Tuttavia le loro posizioni, che corrispondono a uno zodiaco terrestre, sono certamente intriganti. Forse perché coincidono con antichi centri di apprendimento pre-cristiani che racchiudevano molte conoscenze astronomiche.

In quanto importanti centri di apprendimento, le università originarie, erano il luogo in cui venivano promossi molti progressi culturali e sviluppi intellettuali. I Druidi erano molto interessati all'astronomia, che quindi deve essere stata trasmessa di default. I quattro quarti erano sacri ai Druidi e questo potrebbe aver contribuito a determinare l'orientamento di porte e finestre. È probabile che le tradizioni persistenti abbiano dettato anche un'attenta collocazione geomantica del sito, oppure che le persone abbiano scelto istintivamente o intuitivamente i punti ad alta energia per costruire le torri, sapendo che avrebbero goduto di una maggiore santità.

I migliori effetti delle energie delle torri riscontrati da Callahan potrebbero essere la stimolazione dell'attività mentale e l'aumento della creatività. Potrebbero aver potenziato le esperienze psico-spirituali delle persone, proprio come hanno fatto le energie della Terra associate alle chiese.

Penso quindi che parte dell'enigma delle torri rotonde possa essere risolto in termini banali e di buon senso. Le loro potenti energie, che analizzeremo in seguito, possono essere spiegate più come un artefatto involontario della combinazione di forma, materiali e schemi energetici del sito che probabilmente si sono sviluppati nel corso di secoli di utilizzo (come accade, in genere, nei siti sacri).

Riferimenti
1 - Michell, John, *The Flying Saucer Vision*, Abacus, UK, 1974.
2 - O'Brien, Henry, *Atlantis in Ireland, Round Towers of Ireland*, Steiner Books, USA, first published 1834, 2nd edition 1976
3 - Donnelly, Ignatius, *Atlantis - the Antediluvian World*, Steinerbooks, originally published in 1882.
4 - Roberts, A., *Atlantean Tradition in Ancient Britain*, Rider & Co, UK, 1975.
5 - Callahan, Prof. Phil, *Ancient Mysteries, Modern Visions – the Magnetic Life of Agriculture*, Acres USA, 1984.
6 - Lalor, Brian, *The Irish Round Tower, origins and architecture explored*, Collins Press, Ireland, 1999.
7- Stalley, Roger, *Irish Round Towers*, Country House, Dublin 2000.
8 - Harbison, Peter, *Pilgrimage in Ireland, the monuments and the people*, Barrie and Jenkins, London, 1991.
9 - Callahan, Prof. Phil, *Paramagnetism*, Acres USA, 1995.
10 - Carr-Gomm, Phillip, *Druid Renaissance*, Thorsons, Harper Collins, UK.
11 - Bord, Janet and Colin, *Mysterious Britain*, Garnstone Press, UK 1972

Torri rotonde Irlandesi

La Torre di Devenish.

Capitolo 4.3 La rabdomanzia delle torri rotonde

Da un'indagine radiestesica effettuata nell'aprile 2000 su sedici torri rotonde Irlandesi, risulta che le torri potrebbero essere state collocate in siti precedentemente sacri. Potrebbero aver sostituito monumenti precedenti, come le pietre erette che segnavano i punti di agopuntura della Terra, dove un tempo i rituali invocavano fertilità e prosperità. Sono pochissime le testimonianze scritte di cui si ha notizia. I siti sacri sono caratterizzati da potenti schemi energetici, come quelli che si trovano intorno alle antiche Torri. Le torri moderne, puramente ornamentali, in genere non presentano tali energie.

Sanderson Griffin mi ha parlato delle energie che ha misurato a livello rabdomantico nelle torri rotonde dopo averne rilevate dieci in Irlanda nel maggio 2000. Mi descrisse gli schemi visti dall'alto: "*Se si potesse vedere l'acqua, sarebbe come guardare dall'alto un disegno a croce Celtica*", disse. Il disegno a croce armata uguale è il flusso di energia di quattro ruscelli sotterranei che scaturiscono da una sorgente centrale, in termini radiestesici nota come 'sorgente', 'cupola d'acqua' o 'sorgente cieca'.

Sandy ha scoperto che i quattro flussi sotto ciascuna delle dieci torri erano per lo più larghi almeno un metro, e il flusso più forte si trovava direttamente sotto la porta d'ingresso. Ciò è in linea con le mie indagini radiestesiche su sedici torri nel 2001. Entrambi abbiamo riscontrato che il flusso più ampio e più forte non solo si trovava sempre sotto il portale, ma anche della stessa larghezza.

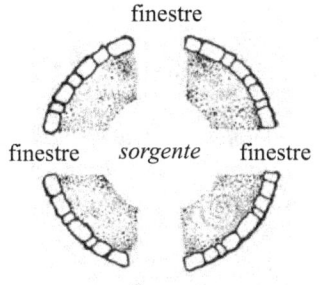

finestre

finestre   *sorgente*   finestre

finestre

La maggior parte dei corsi d'acqua sotterranei delle torri che avevo misurato rabdomanticamente, anche se non sempre si trovavano in quattro linee, corrispondevano alle posizioni delle finestre. Forse questo era il motivo per cui la posizione delle finestre non sempre corrispondeva alle direzioni cardinali?

Se il modello energetico centrale si riferisca a una vera e propria 'fonte' o all'attraversamento di corsi d'acqua sotterranei, dipende dall'interpretazione. Gli attraversamenti di ruscelli e le cupole d'acqua sono associati ad un modello energetico a spirale, troviamo sempre un vortice di energia verso il basso che può anche essere trovato a spirale verso l'alto intorno alla torre. (L'effetto vortice bidirezionale si trova anche negli antichi megaliti e il radiestesista Tom Graves ne scrisse negli anni Settanta. Maggiori informazioni sul vortice saranno descritti in seguito).

Immergendo i modelli di cartone in miniatura delle torri con una soluzione di sali di Epsom, gli esperimenti di Callahan hanno rilevato bande di energia che salivano sulla torre e si manifestavano con la deposizione di cristalli di sale. Egli ritenne che queste bande di sale concentrate corrispondessero alle intense energie che aveva riscontrato in corrispondenza dei piani, delle porte e delle finestre della torre rotonda. Potrebbero anche coincidere con il percorso del vortice.[1]

Paralleli energetici altrove

Un rabdomante tedesco del XVI secolo

Il collegamento con l'acqua non è una sorpresa, considerando la forte correlazione tra l'acqua sotterranea ed altri luoghi antichi. Nel 1939 la British Society of Dowsers pubblicò un articolo di un famoso archeologo, Reginald Smith, che descriveva come avesse individuato 'sorgenti cieche' al centro di antichi monumenti in Inghilterra, come il cerchio di pietre di Rollright, Stonehenge, davanti agli altari delle chiese, ecc. Questi flussi di energia fluttuavano anche in risposta alle diverse fasi lunari, aveva scoperto.

Smith concluse che "*la presenza costante di acqua sotterranea al centro esatto di questi terrapieni e cerchi è una caratteristica significativa facilmente verificabile da altri sul campo*". Negli anni '40 il radiestesista Guy Underwood confermò molte di queste scoperte, anche se affermò che "*Reg Smith si riferisce a certi corsi d'acqua sotterranei complessi come 'sorgenti cieche' [ma] io sono propenso a pensare che alcuni di essi debbano essere semplicemente fessure multiple intersecate. Il nome 'sorgente cieca' è comunque comodo*". (Allo stesso modo, nel 2007 in Svezia la presidentessa della società di rabdomanzia mi disse che "*non credeva nelle sorgenti cieche*").

Anche le chiese inglesi sono caratterizzate dalla presenza di acqua sotterranea, non a caso, poiché spesso usurpavano un tempio più antico. Underwood ha scoperto che le linee d'acqua coincidevano con le dimensioni e la forma degli edifici ecclesiastici, con la sorgente più forte spesso situata proprio sotto il campanile della chiesa, dove "*le influenze celesti attratte dalla guglia si combinavano con la forza terrestre per produrre una fusione di energia*", ha argomentato.

Anche la radiestesista britannica Muriel Langdon descrive così la rabdomanzia delle linee d'acqua nelle chiese. *"Le cupole d'acqua sono come i raggi di una ruota, con una parte che entra e una parte che esce. Le linee d'acqua corrono al centro della navata e del presbiterio e un'altra attraversa le porte da nord a sud. Le cupole si trovano sugli altari, al centro dei gradini del presbiterio, sul fonte battesimale e su tutte le porte*", ha affermato l'autrice, sottolineando che le chiese Gallesi primitive non sono affatto associate all'acqua.²

L'altare è il punto focale della maggior parte delle chiese cristiane, al centro o all'estremità orientale. È stato a lungo infuso di mistero religioso e l'area intorno ad esso è spesso riservata esclusivamente al clero. La sua forma varia da un semplice tavolo di legno con una croce sopra o su di esso, fino all'altare più decorosamente intagliato o tempestato di gioielli. Quando i Vichinghi pagani saccheggiarono il prestigioso monastero di Clonmacnoise, la moglie di Turgeis, Ota, fu incaricata di pronunciare oracoli sull'altare della chiesa.

Guy Underwood, scrivendo in *The Pattern of the Past*, ha notato che i moscerini sono spesso visti brulicare intorno alle guglie delle chiese e che sono noti per 'danzare' sopra le sorgenti cieche, alle quali le guglie sono associate. Si dice che gli alberi di tasso, velenosi per il bestiame ma sacri per la Chiesa antica e per le tradizioni pagane, crescano meglio sopra le sorgenti cieche e siano abbondanti nelle rovine dei siti monastici.⁴

I primi costruttori Irlandesi che necessitavano di una guida per la collocazione delle loro strutture sacre, avevano la tradizione di inviare a volte delle 'mucche dun', di grande significato mistico, per guidarli verso siti geomanticamente corretti. Le mucche tendono ad essere attratte dagli stessi tipi di energie di cui noi umani godiamo e in cui prosperiamo.

L'ho scoperto io stessa, un giorno, durante una consulenza sulle location delle torri. Stavo visitando la fattoria biologica di Ron e Bev Smith nel Gippsland e sono arrivata di sera. Prima di visitare effettivamente la fattoria, quella sera iniziai a fare un po' di rabdomanzia sulle mappe, per individuare i possibili centri energetici per le torri. Ron, che era molto legato alla sua terra e ai suoi animali, si è divertito un po' perché tutti i luoghi che ho trovato erano in realtà i punti preferiti dove le sue mucche amavano riunirsi.

Perché l'acqua?

L'energia che si sprigiona verticalmente dalle cupole d'acqua e dai corsi d'acqua sotterranei può essere molto malsana per la vita. In queste zone geopatiche si trovano concentrazioni di ioni positivi, microonde e altre radiazioni intense che è meglio evitare, se possibile, per gli esseri umani. (Tuttavia, altre creature possono prosperare in queste zone geopatiche). Per saperne di più sullo stress geopatico, leggete il mio libro *Divining Earth Spirit*.

Ma seguendo i principi dell'omeopatia, scopriamo che una piccola dose di ciò che normalmente viene considerato dannoso può in realtà essere benefica. Per esempio, le energie minerali e geologiche erano riconosciute nella tradizione aborigena australiana. Le aree dei giacimenti di uranio, dove non è salutare soffermarsi, sono normalmente tabù, zone vietate per loro. C'è una storia del Dreamtime sul sito della miniera di uranio di Ranger, dove gli spiriti della formica verde minacciano di distruggere il mondo se si liberano dal sottosuolo. (Eppure i punti caldi radioattivi sono stati visitati per brevi periodi di attività cerimoniale; mentre in Europa il bagno nell'aria o nelle acque radioattive era un tempo considerato salutare, fino a quando la guerra nucleare non ha modificato la prospettiva delle persone.

Una breve esposizione all'energia dell'acqua può portare benefici e forse anche facilitare il raggiungimento di stati alterati di coscienza. Per questo gli antichi cercavano siti ricchi di energia idrica per potenziare le loro esperienze psico-spirituali. O forse ne erano semplicemente attratti in modo intuitivo, dato che l'acqua è associata a grandi poteri di guarigione, persino ai miracoli.

Torri che attirano l'acqua?

Se le potenti posizioni geomantiche delle torri rotonde non sono state cercate deliberatamente, le torri hanno forse attirato le linee d'acqua e i vortici verso di loro, in seguito a secoli di attività spirituali? Nella discussione geomantica c'è stato a lungo il dibattito sull'uovo e la gallina: "*Cosa è venuto prima, la struttura sacra o le energie terrestri ad essa associate?*"

I siti e i monumenti sacri possono diventare altamente energizzati grazie alla loro forma/struttura, alle interazioni delle persone con essi e agli esseri divini e alle energie cosmiche che vi si trovano. Anche i siti moderni possono attrarre e risuonare con energie edificanti, che fluiscono e si diffondono in occasione di eventi speciali e attività di persone che portano con sé una mentalità rispettosa e spirituale.

Quando Sandy Griffin ha eseguito un'analisi rabdomantica di una torre rotonda in scala ridotta e relativamente moderna, costruita come campanile di una chiesa nel 1800, è rimasto stupito nel trovare indicazioni di una 'sorgente' anche sotto di essa. È stato un caso o forse le Torri attraggono davvero acqua ed energia dall'alto e dal basso, come giganteschi aghi di antenna per l'agopuntura terrestre?

I sostenitori dell'idea di 'acqua primaria' affermano che l'acqua viene costantemente creata nelle profondità della Terra, risalendo sotto pressione e spesso emergendo come sorgenti inesauribili (per saperne di più, si veda il mio libro La saggezza dell'acqua). La teoria dell'acqua primaria si ricollega alla nozione di effetti di innalzamento delle torri da parte dell'acqua. Il paramagnetismo mostra anche una forza di levitazione, o antigravità. Piante di pomodoro flosce sono diventate erette da un giorno all'altro, in seguito all'erezione di una Torre Energetica / Power Tower nelle vicinanze, come testimoniato dai miei studenti di radiestesia. In piedi, con le braccia tese, percepisco le energie della Torre quando raggiunge il suo picco nel periodo di luna piena, e mi sembra di potermi sollevare facilmente da terra!

Gli aghi per l'agopuntura nel corpo umano permettono di aumentare il flusso di energie verso l'interno o verso l'esterno del punto (vortice) che viene agitato - hanno un effetto omeostatico. Non sorprende quindi che le energie delle Torri Rotonde fluiscano a spirale sia verso la terra che verso il cielo, all'interno dei loro campi energetici magneticamente potenziati. Tuttavia, non sono solo le strutture monumentali ad antenna ad attrarre l'acqua. È stato notato anche in relazione alla costruzione di labirinti moderni. John Wayne Blassingame, intervenuto alla Conferenza della Costa Occidentale della Società Americana dei Radiestesisti nel 1999, ha detto che dopo che un labirinto è stato messo in opera ed è stato usato come strumento spirituale per un breve periodo, già tre mesi dopo può essere analizzato a livello rabdomantico per aver attirato l'acqua al di sotto di esso, sotto forma di una cupola d'acqua. Come rabdomante di lunga data, era certo che non ci fosse acqua nelle vicinanze del suo labirinto prima della sua costruzione e da allora ha perforato la zona per dimostrare le sue scoperte rabdomantiche.[5]

L'attrazione dell'acqua sembra essere un fenomeno di ampia portata. Presso la Turoe Stone, associata al centro di potere reale di Knocnadala nella contea di Galway e riccamente scolpita con decorazioni in stile La Tene risalenti a 2000 anni fa, sono rimasta sorpresa nel vedere un attraversamento della linea d'acqua. Sarebbe normale trovarla presso antichi megaliti e monumenti. Ma dopo l'analisi rabdomantica mi è stato detto che la pietra era stata rimossa dalla sua precedente posizione sulla cima della collina reale più di centocinquant'anni fa. Forse chi l'ha spostata era un rabdomante? Oppure, come attrazione per i visitatori, era stata la pietra stessa ad attirare l'acqua? Quella notte sognai di librarmi sopra la Pietra di Turoe e di osservare un flusso di energia che si sprigionava dalla sua sommità. C'era un sacco di potere e di storia racchiusa in quella famosa pietra! Purtroppo, ultimamente la Turoe Stone è stata chiusa in un capannone dal Dipartimento dei Lavori Pubblici. Tuttavia, un'icona simile, la Castlestrange Stone nella contea occidentale di Roscommon, è ancora liberamente accessibile e merita una visita.

Grazie alla loro forma ad antenna e dei materiali paramagnetici, le torri rotonde, vecchie di un migliaio di anni, potrebbero aver attratto energeticamente a sé flussi d'acqua poco profondi dal vicino sistema acquifero. Le torri attraggono una serie di energie e le forze convogliate verso la Terra dalla loro massiccia forma di antenna stavano forse amplificando la forza di sollevamento dell'acqua terrestre per far emergere nuova acqua, prodotta in profondità.

L'esperienza della costruzione di moderne Torri Energetiche conferma gli effetti psico-spirituali potenziati sui partecipanti durante le cerimonie di benedizione delle torri, dove sentiamo le potenti energie terrestri a spirale pulsare ed espandersi in risonanza con le nostre attività. Sì, una Power Tower può diventare il proprio luogo sacro!

Linee di fuga

Sandy Griffin ha anche scoperto che le torri rotonde sono tipicamente associate alle 'ley lines', che di solito si incrociano direttamente sopra la Torre. Le ley lines sono percorsi energetici lineari di tipo yang che scorrono nell'aria e si collegano anche ai punti energetici terrestri sottostanti. Talvolta chiamate 'overgrounds', il termine originale 'ley' si riferiva agli allineamenti fisici di antiche strutture nel paesaggio, come scoperto da Alfred Watkins intorno al suo nativo Herefordshire, in Inghilterra.

Oggi più noti ai radiestesisti con il nome di 'fasci di energia', sono noti per riflettere gli schemi dell'attività e del pensiero umano che si manifestano sia nei luoghi sacri che nei centri civici, ovunque si concentri la coscienza umana. Alcuni considerano i canali energetici come 'linee di pensiero' in grado di trasmettere le nostre forme di pensiero, di diffondere propaganda malvagia o di essere un condotto per l'inconscio collettivo. Hitler impiegava geomanti in antichi siti sacri per condurre rituali segreti e magici che lo aiutassero a conquistare e mantenere il potere. Rubò anche la svastica, un simbolo solare globale, per la sua conquista del potere.

Per quanto riguarda gli allineamenti dei monumenti antichi, lo scrittore druido Ross Nichols cita importanti allineamenti di centri sacri in Irlanda che includono le torri rotonde. *"Tailtown... è esattamente sulla linea di latitudine con Newgrange e c'è un orientamento rettilineo verso nord-est da Tara a Knowth e alla Torre Rotonda vicino a Monasterboice. Newgrange, Knowth e Dowth formano un triangolo che punta a nord-est"*, ha scritto.[7]

Campi energetici paramagnetici

Sintonizzandomi sui campi energetici paramagnetici emanati dalle torri rotonde Irlandesi, il mio pendolo ha girato rapidamente come un elicottero. I campi sferici si irradiano verso l'esterno e le loro dimensioni variano da pochi metri a circa cento metri. Non erano così potenti ed estese come mi aspettavo e le moderne Power Towers hanno aree di influenza più potenti e più estese delle Torri Rotonde che le hanno ispirate.

Ciononostante, gli antichi monaci avrebbero sperimentato energie edificanti mentre sedevano nelle loro torri rotonde, magari cantando sui vari piani. I vortici di energia a spirale e i campi paramagnetici delle torri devono essersi coagulati in un potente cocktail energetico, che senza dubbio ha potenziato gli stati mistici di coscienza, oltre a favorire le elevate capacità intellettuali per cui la chiesa medievale Irlandese era così famosa.

Riferimenti

1- Graves, Tom, *Needles of Stone*, Turnstone Books, UK, 1978.
2- Graves, Tom, *Dowsing and Archeology*, British Society of Dowsers, UK, 1980.
3- *World Religions*, Duncan Baird Publishers, London, 1998.
4- Underwood, Guy, *The Pattern of the Past*, Pitman, UK, 1969.
5- Dowsers Society of New South Wales, *Newsletter* Vol. 11, No. 9.
6- O'Connor, Tom, *Hand of History - Burden of Pseudo History, Touchstone of Truth*, Trafford Publishing, UK, 2005.
7 - Nichols, Ross, *The Book of Druidry*, Thorsons, London, 1990.

La rabdomanzia delle torri rotonde

La rabdomanzia delle torre rotonde a Clondalkin, Dublin, 2006.

Capitolo 4.4   Torri Energetiche

Le prospettive di Callahan

Il professor Phil Callahan PhD, nato negli Stati Uniti nel 1923 e morto nel 2017, iniziò a studiare le torri circolari Irlandesi quando aveva vent'anni. Durante la Seconda Guerra Mondiale era di stanza presso un'installazione radio nella contea di Fermanagh, non lontano da una di esse, un'isola nel lago. Osservò l'erba rigogliosa che cresceva intorno alla torre rotonda e i contadini che trasportavano le loro mucche su barche a remi fino a Devenish Island per poterne godere. Cominciò a sospettare che potesse esserci un legame tra l'isola e la buona crescita.

Callahan scoprì che la pietra utilizzata per la costruzione delle torri non era sempre locale e che era stata scelta una roccia paramagnetica. Venticinque delle torri rotonde da lui studiate sono realizzate con calcare in qualche modo paramagnetico per la presenza di argilla. Tredici sono di arenaria rossa paramagnetica. Le altre sono fatte di basalto, ardesia e granito, tutti paramagnetici.

D'altra parte, ha scoperto che le abitazioni Irlandesi erano sempre costruite con rocce diamagnetiche, come il calcare. Questo avrebbe fornito un'atmosfera più rilassata in cui vivere. (Un'analisi logica suggerirebbe anche che la pietra calcarea è stata scelta perché è più facile ed economica da lavorare).

Callahan ritiene che gli Egizi fossero in grado di distinguere tra le energie paramagnetiche e diamagnetiche insite nella roccia. Avevano due diversi simboli geroglifici per la pietra, entrambi rettangolari, uno dei quali con delle strisce (un motivo a onde) e che forse indicava una roccia paramagnetica. Callahan pensa che gli Egizi possano aver trasmesso le loro abilità di muratori agli Irlandesi. Le torri di Devenish e Clonmacnoise presentano motivi a spina di pesce sulle calotte, che secondo Callahan potrebbero imitare i modelli Egizi.

Costruite in pietra paramagnetica e a forma di gigantesche guide d'onda, le torri rotonde agiscono come antenne paramagnetiche, attirando energie benefiche per il suolo, ha scoperto Callahan. Ben noto per i suoi studi sulle antenne degli insetti, Callahan ha descritto le torri Irlandesi come "*enormi collettori elettronici di energia cosmica a microonde*", "*semiconduttori di energia ricchi di silicio*" e "*accumulatori giganti di energia magnetica*".

Di giorno le torri risuonano con l'energia magnetica del sole (raccogliendo i monopoli magnetici del polo sud/positivo) e di notte con le misteriose onde radio a 14,6 metri di lunghezza d'onda provenienti dalla parte del cielo su cui sono allineate, ha scritto. Raccolgono anche altre radiazioni a bassissima frequenza provenienti dal cosmo e dai fulmini, come la risonanza di Schumann.

Vitali per la nostra salute, le onde ELF sono in grado di penetrare l'acqua e il suolo, a differenza delle radiazioni a più alta frequenza. Callahan si riferisce alle onde di Schumann come onde cerebrali atmosferiche, a causa delle frequenze condivise con le nostre onde cerebrali. Le onde a 8Hz e 2000Hz rilevate alle Torri erano più forti all'alba e al tramonto. È stato riscontrato che le energie si propagano dalle torri, vitalizzando il terreno circostante.

Per amplificare le radiazioni ELF in entrata, le torri devono essere paramagnetiche. Ma alcuni pensano che l'effetto sia ancora più forte quando materiali paramagnetici e diamagnetici sono uniti tra loro, un po' come gli accumulatori di orgone di Wilhelm Reich. I pavimenti in legno delle torri Irlandesi fornivano la componente diamagnetica per questo compito. La luce del sole amplifica le onde Schumann e anche il vento. Non c'è quindi da stupirsi se le torri sono state progettate per avere la massima esposizione al sole e al vento, con finestre spesso rivolte verso le direzioni del vento. Callahan ha scoperto che le porte si trovano nei punti in cui la risonanza di Schumann è più forte.

Callahan scoprì che anche le linee di recinzione, le linee elettriche e i corsi d'acqua sotterranei conducono la risonanza di Schumann. Una buona ragione per cui gli antichi localizzavano i loro luoghi sacri, oltre alle torri Irlandesi, su acque sotterranee, forse?

Callahan iniziò a sperimentare modelli in scala ridotta delle torri Irlandesi e scoprì che la crescita delle piante aumentava quando i semi venivano fatti germogliare in loro presenza. Il carborundum che utilizzò per la loro costruzione è un cristallo di carburo di silice prodotto dall'uomo, che si rivela un eccellente semiconduttore.

Le mini torri realizzate con la carta vetrata di carborundum furono anche immerse in una soluzione di sali di Epsom diamagnetici per 48 ore e poi asciugate. Il residuo di sale essiccato su queste torri ha evidenziato degli schemi, con bande di sale concentrato in corrispondenza delle posizioni delle finestre, delle porte e dei pavimenti delle torri reali. Quindi i monaci avrebbero tratto il massimo beneficio dalle energie seduti sul pavimento, ha dedotto.

Ha concluso che le torri, nelle loro posizioni sulla mappa stellare, sono collettivamente un *"enorme sistema di risonanza per la raccolta, l'immagazzinamento e il trasferimento delle energie cosmiche"*.[1] Nessuna di queste affermazioni è stata provata e non sono a conoscenza di studi che mettano a confronto Torri Elettriche puramente paramagnetiche con altre che combinano materiali paramagnetici con materiali diamagnetici. (Un effetto di stratificazione, come nel caso degli Accumulatori di Orgoni, potrebbe neutralizzare l'effetto paramagnetico).[1]

Esperimenti con le mini torri

Quando Bill Nicholson, di Geelong nello stato di Victoria, ha sperimentato una mini-torre in un vaso di plastica con delle piante di ravanello, ha ottenuto risultati sorprendenti. *"Ho iniziato con due vasi di plastica identici riempiti con terriccio dello stesso lotto"*, ha scritto sulla rivista Geomantica.

Bill ha realizzato una mini-torre da un piccolo ramo di 40 mm di diametro e 190 mm di lunghezza. Questo è stato ricoperto di carta vetrata per 120 mm e in cima è stato posto un cappello conico di carta vetrata. Questo è stato inserito nel terriccio di un vaso fino a una profondità di 70 mm.

In ogni vaso sono stati piantati quattro semi di ravanello a 6 mm di profondità in ogni punto della bussola, cioè quattro semi ciascuno nei quarti nord, sud, est e ovest dei vasi. L'irrigazione è stata identica per ogni vaso. Le uniche differenze erano la presenza della torre in uno di essi e la corrispondente riduzione del volume totale del terriccio a causa del volume della base della torre inserita nel terriccio.

I due vasi sono stati distanziati di due metri l'uno dall'altro nel giardino in pieno sole. La crescita delle piante è stata fotografata sia nel vaso che in seguito, quando le piante sono state rimosse. Le piante sono state estratte dai loro vasi in fasci di quattro, con tutte le radici. Le radici intrappolavano il terriccio in proporzione alla loro crescita, quindi il peso di ogni lotto di piante e del terriccio era un'indicazione della crescita delle radici. Dopo averle fotografate, le piante sono state pesate. I pesi in grammi risultanti sono stati:

Punto di Bussola	N	E	W	S
Vaso di controllo (grammi)	Non è cresciuta	7,5	12,5	25
Vaso a torre (g)	20	85	62,5	55

Torri energetiche moderne

È stato John Quackenboss dell'Arkansas ad avviare la prima sperimentazione su larga scala delle idee di Callahan. Nel 1986 eresse un tubo di terracotta alto 1,8 metri e del diametro di 30 cm e lo riempì di ghiaia di basalto. Cinque tubi furono sparsi per la sua fattoria di 440 ettari. Li ha ricoperti con un cono di cemento, realizzato con ghiaia di basalto e rivestito di basalto frantumato, portando l'altezza totale a due metri. Dopo sei settimane sono stati osservati buoni effetti. L'azienda agricola ha registrato un aumento dei raccolti, nonostante le condizioni di siccità.

Le Torri di Quackenboss sono state posizionate all'incrocio di corsi d'acqua sotterranei o alle intersezioni negative del modello del campo magnetico terrestre, noto come griglia di Hartman. Quackenboss raccomanda di posizionare tre torri a triangolo in un campo. Tuttavia, il radiestesista del Sud Australia Juergen Schmidt ritiene che una disposizione quadrata o rettangolare sia migliore nel lungo periodo, secondo le regole del feng shui. L'ubicazione e la disposizione delle torri è probabilmente la cosa migliore da fare individualmente da un radiestesista competente. [2]

Questa tecnologia sperimentale sembra aver generato una serie di effetti interessanti e benefici, a giudicare dal feedback che ho ottenuto dopo aver supervisionato la costruzione di centinaia di torri dal 1993. Molte persone hanno riferito di una crescita meravigliosa di giardini e coltivazioni. Altre persone hanno riferito di non aver ottenuto grandi risultati, ma di solito si trattava di persone che non si erano impegnate molto nel giardino o che erano state colpite da una grave siccità.

Torre di Wooster

Clarrie Wooster è stata forse la prima persona a costruire una torre moderna in Australia, a Fryerstown, nel Victoria centrale. Clarrie e la sua famiglia si erano trasferiti lì nel 1989. Essendo il terreno del giardino povero di arenaria e scisto, non vi cresceva molto. Dopo essere stato devastato da un incendio nel bush, Clarrie ricostruì completamente il giardino seguendo le linee del feng shui, dopo aver tracciato, con la rabdomanzia, tutte le linee di energia terrestre che attraversavano la proprietà. Le aiuole del giardino vennero quindi costruite lungo questi percorsi energetici, secondo schemi curvilinei, e tutte le piante vennero posizionate secondo la radiestesia.

Wooster decise poi che una Torre Energetica sarebbe stata d'aiuto, quindi selezionò i materiali e una buona posizione, attraverso la radiestesia per un nodo ad alta energia, e iniziò a lavorare alla torre nel luglio del 1993. Scelse di costruire con l'arenaria perché era abbondante e leggermente paramagnetica. Fu eretta una solida struttura di pietra affusolata con fondamenta adeguate che si innalzava a due metri dal suolo. Nella sua cavità interna la riempì con strati alternati di carbone e dolomite, sostanze utili per migliorare il terreno e che potevano dare un effetto radionico.

La Torre Energetica di Clarrie Wooster

In cima fu collocato un cristallo, sopra il quale fu posizionato un cono di rame, per un'altezza totale di 4 metri. Ad agosto, un paio di settimane dopo il completamento della torre, la famiglia iniziò a notare dei cambiamenti nel vicino orto. Il prezzemolo che cresceva in una zona molto povera dell'orto e che di solito era amaro, era senza dubbio più dolce di prima. Con l'arrivo della primavera e lo spuntare delle foglie, notarono una netta sfumatura bluastra negli alberi e negli ortaggi, mai vista prima. I broccoli sono stati particolarmente buoni: il raccolto è durato più di quattro o cinque mesi dalle stesse piante e non si è visto un bruco o una falena del cavolo, cosa molto insolita.

Alcuni visitatori sono stati in grado di percepire l'energia proveniente dalla torre, soprattutto quando soffiava una brezza, se hanno appoggiato i palmi delle mani verso la torre a breve distanza da essa. L'intero giardino aveva una vibrazione in più", ha detto Clarrie, "*e c'è un senso di riposo e pace qui*". [3]

Callahan visitò la Wooster Tower appena costruita durante il suo tour in Australia nell'agosto del 1993. Trascorse alcune ore con il suo oscilloscopio a fare letture intorno al giardino e disse che era la "*torre più forte che avesse misurato al di fuori dell'Irlanda, forte come alcune delle torri Irlandesi nonostante le dimensioni molto più ridotte*".

Una prova vivente

Dopo aver installato la mia prima torre nel marzo del 1995 nella mia proprietà nel NSW settentrionale, non ho notato alcun effetto, perché avevo abbandonato il giardino in quel particolare cortile per il pollame. C'erano stati diversi anni di siccità e la coltivazione non valeva la pena. L'area era un mare di recinzioni, dato che allevavo pollame raro, e questo significava che poteva esserci solo un effetto isolato, o almeno così pensavo. Tuttavia, ho notato che un albero di Banksia delle Paludi, al di là di diverse recinzioni, ha iniziato a cambiare le sue abitudini di fioritura. Invece di emettere coni di fiori singoli, ha iniziato a farne spuntare di multipli, fino a una mezza dozzina in un solo punto. Nessun'altra Banksia della palude si comportava in questo modo. Poiché la torre era visibile a breve distanza, potevo solo supporre che avesse un effetto aereo, il che non era inaspettato.

Ho installato altre tre torri nella mia proprietà di 2,2 ettari ed ho assistito a una crescita esponenziale, anche se in parte dovuta alla fine della siccità e alla regolare pacciamatura e concimazione animale. Gli ortaggi vicino ad una Torre non sono mai stati così rigogliosi, gustosi e privi di insetti. Mi aggiravo per l'orto e li mangiavo direttamente dalle piante. Anche i bambini amavano mangiarle. In quell'aiuola avevo anche posizionato dei cristalli di quarzo, programmati per una buona crescita, alle estremità di ogni fila.

Ma le quattro torri divennero un po' troppo impegnative dal punto di vista energetico. Il rilassamento era difficile. C'erano molte erbacce, era una giungla! Avevo troppe torri e l'eccesso di una cosa buona non è sempre positivo! Ora che mi sono trasferita in una nuova fattoria nel Victoria, ho solo tre torri energetiche su circa 6 ettari.

Mucchi di uva

A Rye, nella penisola Mornington di Victoria, Lee Grey ha fatto erigere una torre in una parte del suo piccolo vigneto che non aveva mai prosperato prima e dove nemmeno l'erba era mai cresciuta bene. Nessuno aveva mai voluto frequentare quell'area. Temevo che i fili metallici che attraversano il vigneto potessero interferire con il campo energetico della torre, ma la mia preoccupazione si è dissolta quando ho visitato la zona sei mesi dopo la sua costruzione. Ho parlato con i WOOFers (lavoratori volontari in aziende agricole biologiche) Gary e Sue, che avevano appena potato le viti. Mi hanno detto che c'era molto da potare nelle vicinanze della torre. Ora era la parte più rigogliosa del vigneto! Anche l'erba era molto folta e Lee non l'aveva mai vista così bella nei suoi cinque anni di lavoro. Gary e Sue si erano sentiti molto bene quando avevano lavorato intorno alla torre ed avevano percepito un certo calore provenire da essa.

Peter di Fryerstown, nel centro di Victoria, mi ha portato nel suo piccolo vigneto per installare una Torre Energetica. Qualche mese dopo, all'inizio dell'estate del 2005, mi scrisse per dirmi:
"*Sono molto contento di comunicarti che abbiamo tre volte la quantità di uva che abbiamo avuto in passato.... Grazie mille per l'aiuto con l'uva*".

Pomodori fantastici

Le torri energetiche sono note per favorire la crescita delle piante verso l'alto e questo è stato molto evidente dopo che una torre è stata eretta nella zona di Bellingen, nel Nuovo Galles del Sud. Sophia stava annaffiando le piante intorno alla torre il mattino seguente ed ha scoperto che le piante di pomodoro, che di solito erano sparse per il giardino, ora erano tutte alte e dritte. Jose Robinson, una scrittrice rurale, ha installato una torre nella sua proprietà a Wild Cattle Island nel 1997. La scrittrice si dedicava al giardinaggio da circa vent'anni e con la torre aveva registrato un incredibile aumento della crescita. Ha raccontato che i pomodori erano super abbondanti, "*come se stessero passando di moda*".

Un'altra grande storia di pomodori è stata raccontata da Brian Beggs in Tasmania, che mi ha scritto nel 2010 per condividere i risultati ottenuti con la Torre Energetica. "*Ne abbiamo posizionata una nell'orto ed una piccola nella serra per vedere cosa sarebbe successo. Siamo rimasti a bocca aperta! Quando ho posizionato quella in serra, i pomodori erano davvero agli sgoccioli, avevano finito di fiorire ed avevo raccolto gli ultimi frutti. Nel giro di due settimane, le piante di pomodoro sono diventate di un bel verde intenso ed hanno iniziato a fiorire abbondantemente, continuando a fruttificare fino a giugno e luglio, un'impresa non da poco in una zona gelida della Tasmania. Anche il sapore dei frutti era dolcissimo, così diverso da quello dei frutti raccolti prima che la torre fosse collocata nella serra. Molte delle piante di pomodoro più vicine alla piccola torre hanno continuato a fruttificare l'anno successivo con lo stesso vigore delle nuove piante, solo che erano molto più* alte, avendo due anni. Anche l'orto ha subito un grande cambiamento e le piante sono diventate più robuste e sane e hanno un sapore incredibile. Abbiamo avuto un raccolto abbondante di lamponi anche con le piante del primo anno".

Un favoloso benessere

Ellen e Ray Stanyer di Maldon, Victoria, hanno goduto di una crescita favolosa su terreni degradati e di altri effetti positivi da quando la loro Torre Energetica è stata installata. Nella primavera del 1999 Ellen ha scritto a Geomantica per dire ai lettori che: "*Si può dire che è una coincidenza che io abbia dovuto rimuovere molte, molte carriole di erbacce dai dintorni della torre; o che abbiamo avuto un'incredibile affluenza di uccelli; che le cose nella nostra vita si siano improvvisamente unite e abbiano iniziato ad accadere; che i soldi siano entrati e non solo usciti... che siamo così pieni di meravigliosa energia creativa; beh - potrebbe essere assolutamente una coincidenza!... Ho fatto una mini-torre e l'ho messa tra le mie scarse fave e BOOM!!! Inoltre i miei clienti per i massaggi sono sempre di più. Devo aver fatto qualcosa di buono. O posso mettere anche questa sulla torre?*".

Lesley Gentilin, dell'Australia Meridionale, ha osservato miglioramenti generali in famiglia dopo l'installazione di tre Torri Energetiche. Ha raccontato che prima di allora i problemi di salute l'avevano costretta ad assentarsi dal lavoro per sei mesi, causando molta frustrazione. Poi un giorno Dean "*è diventato iperattivo ed ha messo le tre torri*". Da quel momento in poi la vita è migliorata e lei ha iniziato a rimettersi in carreggiata. Ha ripreso a fare il lavoro di musicista che amava ed i suoi livelli di creatività hanno iniziato a salire. L'intera energia della fattoria, percepì, era cambiata e molte persone iniziarono a visitarla. Si sentiva molto più positiva e anche la salute dei bambini era migliorata.

Il pero di Ellen e Ray

Un coltivatore di giuggiole nel nord dell'Australia Meridionale mi ha scritto dopo che la sua torre è salita per dirmi che: "*Gli alberi mostrano segni di crescita supplementare, il che è davvero positivo per noi: e gli innesti che facciamo su alcuni degli alberi ora mostrano un tasso di successo aumentato al 98%, nonostante le condizioni di siccità... Ho scoperto che la torre è molto potente: se ci lavori vicino o ci cammini vicino, puoi sentire l'energia che emette, e anche altri l'hanno sentita quando si sono avvicinati alla torre. Ho anche scoperto che un'esposizione eccessiva può caricare il corpo ed ho difficoltà a dormire (o forse ho bisogno di dormire meno?)".*

Cherise Haslam ha riferito di un'immensa crescita della maggior parte delle piante e di un cambiamento di energia nel giardino, che le è sembrato più accogliente ed ha iniziato a trascorrervi più tempo. Le galline sembravano essere più 'amichevoli', ha detto, e altre persone hanno commentato che il giardino 'sembrava migliore'.

Glad Albert, di Victoria occidentale, ha riferito:
"Ho posizionato una torre energetica in giardino e questa ha aumentato la mia consapevolezza di essere un tutt'uno con la natura"

Torri di agricoltura su larga scala
John McCabe di Murray Bridge, nell'Australia meridionale, ha riferito che la fertilità della sua fattoria è aumentata: le pecore non hanno bisogno di essere inzuppate e le solite piaghe di lumache si sono notevolmente ridotte. L'effetto si ferma al recinto di confine.

Jim, un coltivatore di fragole vicino ad Adelaide, nell'Australia del Sud, nel 1997 si è rivolto a un consulente per progettare e individuare il punto migliore per una Torre Energetica. È stato molto soddisfatto dei risultati. *"Prima di installare la torre, i miei raccoglitori raccoglievano quattro o cinque file al giorno. Dopo la costruzione della torre potevano raccogliere solo due o tre file, perché c'era così tanta frutta!"*. Jim è entusiasta. L'aumento del 30-50% della fruttificazione poteva essere spiegato solo dalla presenza della torre, non era successo nient'altro di diverso, né le condizioni meteorologiche erano migliorate. Jim ha poi inserito alcune torri nella sua piantagione di ulivi e gli alberi di un'area che erano malaticci e stentati hanno risposto immediatamente con una nuova crescita. In breve tempo hanno raggiunto tutti gli altri ulivi.

Brett Siegert ha fatto erigere tre gigantesche torri di cemento nella sua proprietà di grano e pecore nella penisola di Eyre, nell'Australia meridionale. Due di esse si trovavano su vortici ascendenti e non stavano causando alcun effetto percepibile alle colture. Il terzo sembra aver fatto centro. Si trovava su un vortice discendente vicino alla linea di recinzione. Il raccolto di grano è stato molto buono per circa 40 ettari del campi di 80 ettari, diventando più

Torri Energetiche

fitto man mano che ci si avvicinava alla torre. Poi, in corrispondenza della linea di recinzione sul retro, l'effetto è terminato e nel paddock successivo il raccolto ha avuto rese normali, ha dichiarato. Un coltivatore di grano vicino ha diverse torri tra le sue coltivazioni di grano. Un'ampia area circolare intorno a una torre, dove il grano cresce molto più alto, è ben visibile, mi ha detto Brett. Sul bordo esterno del campo energetico della torre, in una fascia circolare, si può notare un 'gradino' in cui il grano scende alla sua altezza abituale, come nell'illustrazione della pagina precedente.

Far piovere
Alcuni testimoniano la capacità delle torri di energia di far piovere di più. Nella mia esperienza di costruzione di torri con gruppi di lavoro, è stato sorprendente il numero di volte in cui ha piovuto subito dopo aver completato la torre, soprattutto nella regione di Victoria, che era stata colpita dalla peggiore siccità del secolo! A Horsham, nell'ovest, ha piovuto molto bene un paio di giorni dopo una giornata di costruzione di torri e il cielo di Bellingen si è sciolto mentre cercavamo di completare una torre. Alcune persone hanno avuto così tanta pioggia dopo la costruzione delle torri che hanno pensato di rimuoverle. Ma con molte regioni australiane che spesso vivono lunghi anni di siccità, tutte le piogge, tranne quelle alluvionali, sono le benvenute!

Un coltivatore di giuggiole dell'arido nord dell'Australia meridionale che ha sperimentato le Torri Energetiche mi ha scritto di recente con le seguenti osservazioni. *"Grazie per avermi seguito, Alanna. Sono riuscito a capire come trovare la posizione corretta per le torri. Finora ne ho costruita una alta tre metri, seguendo le informazioni contenute nel tuo libro. La torre sembra funzionare. Ci sono cose interessanti che accadono intorno ad essa. Da un punto di vista scientifico, ho notato che sembra che si crei una cella d'aria a bassa pressione intorno alla torre ed ho notato che quando piove l'acqua viene scaricata in quell'area in misura maggiore rispetto agli altri settori. Inoltre, ora ci vuole molto più tempo per tagliare l'erba"*.

Grandi erbacce infestanti
Intorno alla grande torre di Jim e in altre zone ho visto crescere rigogliose le erbacce infestanti. È successo anche a me, con erbacce che sovrastavano la

torre e la oscuravano. Cercando la torre nel mio grande giardino in un mare di ambrosia gigante, ho capito che mi stavo avvicinando quando le erbacce sono diventate molto più alte e fitte! Una cresceva addirittura dal bordo della calotta di cemento (come si vede nella foto), con le radici che scendevano nella polvere di roccia e avevano un aspetto molto aereo.

Effetti antifungini

Una torre che ho aiutato a costruire a Wanneroo, nell'Australia Occidentale, su un orto di tre ettari faceva venire i 'brividi' all'agricoltore Gary de Piazzi ogni volta che passava di lì. *"La coltivazione nella pianura sabbiosa costiera è un po' come la coltura idroponica, a causa della mancanza della maggior parte dei nutrienti"*, dice Gary, che voleva ridurre la dipendenza dagli input chimici, soprattutto nella stagione umida invernale, quando le muffe si sviluppano rapidamente nelle colture. (Gary si è ora ritirato dall'attività agricola ed è diventato un poeta).

Dopo che la torre è stata eretta nel 1994, in una posizione accuratamente selezionata, e dopo aver sparso polvere di roccia paramagnetica sulle aree coltivate, l'inverno successivo è stato particolarmente umido e la principale diga di Mundaring di Perth si è rovesciata. Ma Gary non ebbe bisogno di usare fungicidi e gli ortaggi erano più robusti che mai. Mi è stato riferito che anche diversi agricoltori della Tasmania, dove gli inverni sono freddi e umidi, hanno registrato un aumento della crescita e una diminuzione dei problemi fungini con le Torri Energetiche.

Un frutteto di avocado trascurato nei pressi di Tabulam, nel NSW settentrionale, stava soffrendo di una moria dovuta alla phytophera, un'infezione fungina delle radici degli alberi. Hubbertus Bobbert ha eretto due Torri Energetiche alle due estremità del frutteto, proprio sotto il percorso di una linea di energia. È stato utilizzato un tubo in PVC standard, riempito di polvere di roccia paramagnetica con un tubo di rame al centro riempito di scaglie di quarzo. Alte circa tre metri, le sue torri sono coronate da un bellissimo cono di ceramica dalla forma organica e sinuosa. Appena sotto il cono ci sono quattro fori di finestre rotonde ai punti cardinali. I vasi di vetro con i rimedi sono posizionati vicino al tubo di rame in cima e in fondo alla torre, con il preparato BD 501 in basso, per portare la luce e le forze di maturazione; mentre in cima i preparati per il terreno come il 500 e un rimedio per la phytophera venivano diffusi verso il basso.

Varie polveri di roccia sono state sparse sotto gli alberi di Avocado, che si sono rigenerati rapidamente sotto il nuovo flusso energetico. Quando sono andata a trovarli ed abbiamo attraversato il frutteto, ammirando la rigogliosa

crescita delle nuove foglie (come si vede a sinistra), ho potuto percepire la forte energia della Torre Energetica. È stato impressionante vedere che la maggior parte degli alberi è stata riportata indietro dall'orlo della morte. Un Salvataggio Completo.

Animali e magnetismo

Il campo magnetico terrestre è percepito in modo acuto dagli animali da allevamento. Uno studio scientifico del 2008 ha scoperto che i bovini al pascolo e i cervi addormentati tendono ad allineare i loro corpi lungo l'asse nord/sud. Ciò è emerso esaminando 8.510 immagini satellitari di mandrie di bovini e cervi su Google Earth. La direzione del vento e del sole variava notevolmente nel luogo in cui sono state scattate le immagini, quindi i ricercatori ritengono che il fattore polarizzante sia il campo magnetico terrestre. (*'Lo studio sul magnetismo animale è stato accolto con favore'*, di Sean Mac Connell, The Irish Times, 28-8-2008).

Non sorprende che gli animali rispondano ai campi energetici magneticamente potenziati delle torri energetiche. Ad esempio, Arnold Evans di Kyabram, che gestisce un'attività di allevamento di vitelli svezzati, mi ha scritto per dirmi che: *"Abbiamo eretto due nuove torri con risultati sorprendenti! La prima nella stalla dei vitelli e la seconda nel recinto degli svezzati hanno fatto emergere diversi fatti. 1: Salute - da quando sono state erette, non abbiamo osservato alcuno scorbuto nei vitelli, che hanno anche migliorato il loro appetito. 2: Comportamento: i vitelli sono diventati immediatamente più calmi e tranquilli. 3: Meno odori e mosche. ...In un altro allevamento di vitelli svezzati dalle madri"*, continua Evans, *"la reazione normale allo svezzamento è di estremo rumore e nervosismo, ma dopo dodici ore questi vitelli si erano calmati al punto da stare intorno a me senza paura"*.

Lo stesso è accaduto in un allevamento di animali da latte nel nord di Victoria, come riportato dalla radiestesista Joan Evans in Geomantica n. 40, novembre 2008. Scrive: "*Ispirati dal lavoro della geomante Australiana Alanna Moore, abbiamo deciso di provare a erigere delle Torri Energetiche in una fattoria che presentava alcuni problemi inspiegabili. La fattoria di 370 acri è composta dalla fattoria originale di 220 acri e da una proprietà adiacente di 150 acri, acquistata di recente. Ci si è subito resi conto che l'energia della nuova fattoria non favoriva gli alti rendimenti e la buona salute generale della proprietà originale. Non solo la produzione di latte era bassa, le vacche avevano difficoltà a partorire e il tasso di mortalità dei vitelli era elevato, ma i pascoli erano inferiori. I problemi relativi alle mucche e ai vitelli non potevano essere spiegati né dal veterinario né dalla radiestesia per lo stress geopatico. Decidemmo di provare a erigere le Torri Energetiche. Una delle Torri è stata collocata accanto alla stalla di mungitura*".

In seguito a ciò, la signora ha riferito che: "*Ora c'è una sensazione di maggiore leggerezza e felicità nella stalla di mungitura e di parto. L'assistente dell'azienda agricola ha commentato che i vitelli sono "più facili da gestire quest'anno". Il processo di parto è diventato straordinariamente facile; i tassi di sopravvivenza dei vitelli sono migliorati di circa tre volte nella prima stagione di parto; i vitelli sono più sani e le vacche arrivano e si allineano alla stalla di mungitura con molta più calma. Inoltre, i vitelli accettano più facilmente la tettarella del biberon*".

"*La moglie dell'agricoltore ha riferito che l'intera famiglia sembra essere più tranquilla e che la gestione generale dell'azienda e della casa è più fluida. Sia i vicini che i dipendenti, sebbene scettici nei confronti delle Torri Energetiche, hanno commentato positivamente i cambiamenti osservati e percepiti. Alcuni vicini hanno chiesto informazioni/spiegazioni sull'installazione delle torri energetiche in seguito a ciò che hanno osservato in questa fattoria*", ha detto Joan.

A casa di Ellen e Ray Stanyers, l'ampio cortile delle galline è sempre stato un luogo in cui Ellen sentiva che qualcosa non andava, mentre le galline erano sempre ansiose di uscire. Ellen pensava che forse era necessario dare una ripulita o qualcosa del genere, ma nulla sembrava essere d'aiuto. Rendendosi conto che la recinzione avrebbe impedito al campo energetico della vicina torre di entrare, decisero di erigere una piccola torre (un tubo di PVC di mezza misura) nel cortile, dove la radiestesia suggeriva. Non appena la torre è stata eretta, si è sentita bene e le galline hanno risposto diventando molto felici e contente.

Le torri possono avere un effetto curativo attivo, quindi non è stato sorprendente che la mia cagnolina Vikki fosse così attratta dalla Torre quando si è ripresa dopo aver avuto quattro cuccioli e un'isterectomia. Non appena riusciva a camminare, faceva un po' di esercizio quotidiano, trotterellando sempre intorno alla Torre più vicina per un breve periodo, per poi risalire subito dopo dai suoi cuccioli.

Animali selvatici e torri

Anche gli animali selvatici percepiscono l'energia delle Torri Energetiche ed amano divertirsi intorno ad esse. I canguri vengono spesso avvistati mentre si rilassano attorno alla grande torre energetica in cemento di Dean e Lesley Gentilin, vicino a Port Lincoln, nell'Australia meridionale. I canguri apprezzano anche i dintorni della torre a casa di Clarrie Wooster e vi si recano durante il giorno per sgranocchiare l'erba, non disturbati dalla presenza degli esseri umani.

Dopo che Mary e John Singer hanno installato la loro torre a Bowning, vicino a Canberra, un canguro solitario ha iniziato a visitare la torre ogni tramonto e a chiedere loro di mangiare. Sospettano che si tratti di un animale domestico che si era perso durante gli incendi nel bush. Questo simpatico animale ha portato un po' di magia nelle loro vite.

Miglioramento della vita sessuale

Quando una donna di Canberra, divorziata da poco, ha fatto erigere la sua torre nel giardino di casa, in una posizione determinata dalla radiestesia, si è scoperto che, secondo i principi del feng-shui, era stata posizionata nell'angolo delle relazioni del quadrato magico. Il giorno dopo ha incontrato un nuovo uomo che l'ha aiutata a non pensare al divorzio!

Un altro candido proprietario di una torre è stato molto contento di riferire un grande miglioramento nella vita sessuale della coppia, dopo che è stato fatto un lavoro geomantico e una torre è stata installata non lontano dalla camera da letto. Ha semplicemente detto che il sesso era ora 'molto yang'.

Ha senso, considerando alcuni studi scientifici sugli effetti del magnetismo. È stato scoperto che i topi esposti all'energia yang del polo sud dei magneti godono di maggiore forza sessuale, vigore e fertilità. Se invece ricevono una quantità eccessiva di quell'energia, si lasciano andare a una morte precoce! [4] Una tribù aborigena dell'Australia centrale ritiene che l'attrazione sessuale tra uomini e donne sia causata dalla dea del sole.[5] Anche la magnetite (lodestone), una roccia magnetica presente in natura, è stata tradizionalmente considerata sexy. Le sono stati attribuiti poteri magici e sessuali: i Greci credevano che un uomo potesse assicurarsi la fedeltà della moglie mettendo una pietra di magnetite sotto il suo cuscino quando dormiva. In sanscrito la parola magnetite significa 'baciatore' e in cinese si traduce letteralmente come 'pietra dell'amore'.[6] Non sorprende quindi che le forze del commercio abbiano colto nel segno. Aveda, che produce cosmetici eco-compatibili, pensa che il futuro sia nelle 'sostanze vibrazionali' e i laboratori Estee Lauder hanno lavorato per inserire minerali nelle creme per stimolare le cellule e per aggiungere magneti, macinati in polvere microfine, a lozioni e creme. Alcuni saranno inseriti nei rossetti per gonfiare le labbra.[7] (Non ingerire!)

Anti-radiazioni
Si ritiene che il campo di energia paramagnetica generato dalle torri sia in grado di contrastare in qualche misura i campi elettromagnetici dannosi. Quando le torri sono state installate sotto le linee elettriche, i test muscolari e la rabdomanzia suggeriscono una riduzione dei danni da elettrosmog ed in genere ci si sente meglio. Allo stesso modo, nelle aree affette da stress geopatico, il campo energetico benefico della torre può annullare in qualche modo le energie dannose. Questo non sorprende, dato che la roccia basaltica frantumata viene utilizzata con successo per ridurre gli effetti dei raggi elettromagnetici e persino del fallout nucleare. Ho fatto le mie ricerche ed ho usato il basalto frantumato nelle mie tasche, sotto il letto, ecc. per aiutare a ridurre l'elettrosmog, dopo che Callahan ci ha detto di averne cucito un po' in un giubbotto che indossava quando si stava riprendendo dal cancro ai polmoni. Sono necessarie ulteriori ricerche! Nel frattempo, provare non fa male.

Torri e spiriti della natura
L'osservazione chiaroveggente degli spiriti della natura rivela che questi esseri ultradimensionali, o deva, tendono ad ancorare il loro essere intorno a punti focali del paesaggio, riunendosi presso sorgenti, grotte, rocce, siti sacri ecc. Inoltre, amano stare vicino alle persone quando si svolge un rituale. Non mi ha quindi sorpreso scoprire che i devas amano le torri energetiche, anche quelle brutte e di plastica!

Billy Arnold ha osservato in modo chiaroveggente il loro comportamento mentre visitavamo le torri esistenti e ne costruivamo di nuove insieme, percorrendo grandi distanze nel sud dell'Australia alla fine del 2001. Billy, un astrologo esoterico scomparso nel 2013, aveva affinato la sua naturale capacità di veggenza nel corso di trent'anni, attraverso la pratica delle tecniche di Laya Yoga. Mentre costruivamo una torre, Billy percepiva la curiosità dei devas, gli spiriti degli alberi che si avvicinavano.

Lo spirito più impressionante che ha osservato in relazione alle torri energetiche è stato uno spirito terrestre femminile che ha visto per la prima volta nell'Australia occidentale. Questo grande angelo del paesaggio, con il copricapo a raggi, è di solito enorme, calmo e meditativo, ha detto, con solo la sua testa gigante che emerge dal terreno e le mani giunte in preghiera sulla torre. (Ha osservato questa specie di deva anche in altre parti dell'Australia).

I deva possono affezionarsi alle torri, dove si nutrono e lavorano con la loro energia. Come ha spiegato Billy:
"*I deva, a volte in profonda meditazione, possono anche divertirsi e dirigere il campo energetico della torre, aggiungendovi le proprie benedizioni*".

Riferimenti
1- Callahan, Prof. Phil, *Ancient Mysteries, Modern Visions*, Acres USA, 1984.
2- Bird, Christopher & Tompkins, P., *Secrets of the Soil*, Harper & Row, USA, '89.
3- *Your Garden*, Australia, April 1996.
4- Lawlor, Robert, *Voices of the First Day – Awakening in the Aboriginal Dreamtime*, Inner Traditions, USA, 1991.
5- Crickland, Janet, *Eclipse of the Sun*, Gothic Image, UK, 1990.
6- Bruce-Mitford, Miranda, *The Illustrated Book of Signs and Symbols*, Dorling Kindersley, 1996, UK.
7- *Vogue Beauty*, UK, 2000.

Capitolo 4.5 Costruire Torri Energetiche

La creazione di una Torre Energetica può essere realizzata in molti modi, in modo semplice e conveniente. L'efficacia è determinata dalle dimensioni, oltre che da altri fattori. Qualunque sia lo stile di torre che realizzerai, la diffusione aggiuntiva di polvere di roccia paramagnetica nell'area di influenza della torre massimizzerà gli effetti benefici sul terreno. Se il tuo terreno è già paramagnetico potrebbe non essere necessario, ma è sempre utile.

Per una torre di medie dimensioni, che copra circa un ettaro, Callahan consiglia di raggiungere un'altezza dal suolo di 2-3 metri, per ottenere la massima risonanza Schumann, che è una radiazione salutare generata nella ionosfera.

Qualunque sia il tipo di torre che realizzerai, non utilizzare il metallo al suo interno, perché potrebbe generare un effetto ferro-magnetico e non è necessario. Inoltre, dopo aver realizzato centinaia di torri energetiche, ho scoperto che le dimensioni non sono sempre importanti. Qualsiasi dimensione della torre può essere potenzialmente utile. La risonanza Schumann potrebbe non essere così importante come sostiene Callahan.

Se realizzi delle mini torri (alte circa 30 cm), la loro energia può facilmente riempire un orto di medie dimensioni. Possono essere semplici come un tubo di cartone ricoperto di carta vetrata incollata con colla impermeabile. Puoi usarli cavi o, meglio ancora, riempirli di polvere di basalto.

Torri con tubi di plastica

Per le torri di medie dimensioni, molte persone utilizzano tubi di plastica in PVC per le acque piovane o tubi di terracotta, che vengono riempiti con basalto o granito rosso frantumato, mattoni rossi rotti, ecc. I tubi possono essere decorati con vernice acrilica o cemento. Per le aree più grandi, anche i grandi tubi in fibrocemento, cemento o plastica riciclata utilizzati per l'irrigazione su larga scala possono essere delle ottime torri. (Evita i tubi in cemento con rete metallica di rinforzo, o tondini in ferro). Un tubo standard in PVC per acque piovane di 6 metri di lunghezza con un diametro di 100 o 150 mm può essere

Torre del vigneto di Lee.

tagliato a metà per ottenere due torri di medie dimensioni. Anche tubi più corti possono creare torri efficaci, come ha scoperto Ellen nel suo cortile. Per una torre alta 3 metri, il tubo viene piantato nel terreno per circa 60 cm e viene ben fissato alla base per garantire la stabilità. La polvere di metallo blu funziona bene per impacchettarlo. Utilizza un piede di porco o un attrezzo equivalente per spaccare la base della torre, facendo attenzione a non bucare il tubo.

Alcuni utilizzano tubi di terracotta, ma tendono a essere disponibili solo in lunghezze ridotte. Questi possono essere impilati con l'aggiunta di alcuni paletti di legno o di cemento per unirli. Anche i vecchi comignoli di terracotta possono andare bene. Anche un tronco cavo riempito di materiale paramagnetico può funzionare.

Altre persone inseriscono tubi vuoti (in rame, PVC o tubi agricoli a fessura) all'interno di torri di tubi più grandi, per convogliare l'aria o per fungere da camere di risonanza; inoltre possono avere fili di rame che si avvolgono all'interno. Non credo che queste aggiunte siano necessarie: i risultati sono ottimi grazie al semplice design già fornito.

Vertice della torre

Una calotta adatta può essere qualsiasi cosa di forma vagamente conica, realizzata in materiale paramagnetico e idealmente impermeabile alla pioggia. Un tappo per mini-torri può essere realizzato con un foglio di carta vetrata, con una fessura tagliata al centro, che viene piegato a forma di cono.

Per la sommità delle torri più grandi, in passato consigliavo di realizzare un tappo con una piccola quantità di cemento ricco di polvere di roccia lavorato a forma di cono, con un angolo corrispondente all'angolo di latitudine o determinato dalla radiestesia. Ma non mi preoccupo più, le torri funzionano bene anche senza tappi e ci sono alternative più semplici per tenere lontana la pioggia. Ricorda di evitare il metallo.

La cosa più semplice è posizionare un vaso di terracotta capovolto di dimensioni adeguate per coprire la Torre Energetica. Il vaso può essere facilmente rimosso per accedere alla 'porta dell'energia', dove si possono collocare gli oggetti per i trattamenti radionici, se lo si desidera.

Ma il foro sul fondo dovrà essere tappato. Per tenere lontana la pioggia, coprirlo con una piccola pietra paramagnetica appuntita. Anche un cristallo potrebbe andare bene, ma prima controlla con la radiestesia. Il quarzo chiaro è generalmente sconsigliato. Ma ho scoperto che un pezzo di ametista o di quarzo rosa sulla parte superiore può dare un buon equilibrio al campo energetico, portando un po' di energia yin per bilanciare il paramagnetismo yang. Per ottenere i migliori risultati, verifica sempre cosa utilizzare con la radiestesia.

Torri in muratura

Le rocce paramagnetiche possono essere utilizzate per costruire torri rotonde dall'aspetto classico. Per la malta, mescola il basalto frantumato con la polvere di cemento.

Nella foto puoi vedere la torre di Clarrie Wooster in arenaria rossa leggermente paramagnetica. È stata un'aggiunta molto bella al suo giardino e mi hanno detto che il giardino era molto fertile e rigoglioso.

Uno studente in Malesia ha realizzato una bellissima ed efficace torre di energia con mattoni di argilla rossa, senza usare malta, semplicemente impilandoli, come si vede nella foto di Alice Khuan.

Vasi di terracotta

Una Power Tower portatile fatta di vasi di terracotta può essere utile per dare energia a un'area di dimensioni pari a un cortile e può essere semplicemente smontata in caso di trasloco (così come una in mattoni). Le torri di terracotta emettono un'energia più dolce rispetto a quelle di basalto. Possono essere realizzate in due modi diversi. Per entrambe avrai bisogno di una mezza dozzina di vasi di dimensioni diverse, da piccole a grandi.

Riempi i vasi con polvere di roccia paramagnetica e impilali l'uno sull'altro nel senso giusto, il più grande appoggiato a terra e il più piccolo in cima. Oppure, più semplicemente, utilizza vasi vuoti capovolti e impilati insieme, come nella foto. Prima di acquistarle, impilale in negozio e trova quelle che si adattano meglio.

Callahan ci ha raccontato che uno dei suoi studenti ha acquistato sette vasi di terracotta di dimensioni crescenti e li ha messi a testa in giù, uno sopra l'altro, per creare una torre cava. Il vaso inferiore (il più grande) poggiava su alcuni mattoni per aumentare il flusso di ossigeno paramagnetico verso l'alto. Il giorno dopo notò che l'ambiente del giardino era leggermente migliorato.

Torre di vasi di plastica

Dopo che Bill Nichols di Geelong, nello stato di Victoria, ha scoperto il potere delle torri, il giorno dopo si è recato nel suo giardino ed ha costruito una torre di vasi di plastica di piccole e grandi dimensioni riempiti di polvere di roccia e semplicemente impilati. In seguito, però, ha pensato che la sua torre fosse un po' instabile e il giorno dopo è uscito per rinforzarla con tre o quattro pali di legno per stabilizzare e renderla sicura. "*Ci crederesti*", scrisse Bill nella rivista Geomantica, "*proprio quando ho preso il primo paletto, la torre si è rovesciata! Forse stava cercando di dirmi qualcosa. In ogni caso, ora la nuova Torre va molto meglio*". Quindi, assicurati di stabilizzare questo tipo di torri energetiche con dei picchetti (e non usare quelli di metallo).

Posizionamento delle torri

Quando fai la rabdomanzia per trovare una buona posizione per una torre, cerca un luogo con un vortice di energia che scorre verso il basso, ad esempio dove si incrociano le linee energetiche. Gli attraversamenti di corsi d'acqua sotterranei sono particolarmente indicati. In mancanza di questi punti e dovendo trovare il punto migliore all'interno di una determinata area, si può sempre cercare un punto nodale di incrocio delle linee nelle griglie universali, che sono ovunque. Senza doverne sapere molto, si può semplicemente chiedere al pendolo o alle bacchette, la posizione migliore all'interno dell'area scelta.

Ricorda che stai sfruttando l'energia dall'alto e la stai portando sulla Terra. Qualunque sia l'emisfero in cui ti trovi e qualunque sia la sua direzione di rotazione, hai bisogno di un vortice verso il basso. Potresti confermare le sue energie stando in piedi sul posto a piedi nudi. Questo può dare una sensazione di debolezza alle ginocchia e, per alcuni, un senso definitivo di essere trascinati verso il basso.

È importante adottare anche un approccio etico, iniziando la sessione di radiestesia stabilendo se hai il permesso di posizionare la torre nel punto in cui vuoi che vada. Trovare semplicemente un vortice verso il basso non è sufficiente. Controlla due volte con una domanda radiestesica del tipo: "*È possibile erigere una torre energetica in questo luogo?*".

Tempistica

Oltre al luogo in cui collocare la torre, è bene considerare anche il momento in cui è meglio realizzarla e programmarla con intenzioni e benedizioni. Ci sono state un paio di occasioni in cui le torri realizzate durante i miei seminari hanno emesso energie inquietanti e sono state smontate. C'è stato anche un po' di caos inspiegabile. Quando ho fatto controllare i tempi da un astrologo, tutto ha avuto un senso. Era stato un giorno davvero 'brutto per le torri'! Le energie del momento non erano favorevoli. Non ho avuto il lusso di scegliere un giorno e un'ora appropriati. Ma ho imparato dall'esperienza.

Il Prof. Stuart Hill esegue una rabdomanzia sulle energie delle Torri Energeticheies

Oggi consiglio di scegliere un giorno e un'ora propizi per la costruzione della torre, sia con l'astrologia che con la radiestesia. In questo modo eviterai di sfruttare energie non adatte.

Energie della torre di energetica

Secondo la visione Cinese, la forma della torre rotonda simboleggia l'elemento fuoco. Quindi, in termini di feng shui, con una torre di energia si introduce il fuoco nel paesaggio. Un effetto simile si ottiene con una pagoda, un equivalente cinese, che ha l'effetto di stimolare le energie del paesaggio che potrebbero essere eccessivamente yin, come le pianure.

Una torre ben progettata e posizionata irradia energia yang che si diffonde in un campo sferico intorno ad essa; l'area coperta dipende dalle dimensioni e dalla forza della torre. Tuttavia questo campo è interrotto da strutture metalliche, come recinzioni in rete ed edifici in lamiera, che possono 'cortocircuitare' l'energia. Quindi è meglio tenere il metallo lontano dall'area di influenza della torre, se possibile, oppure posizionare la Torre altrove, lontano da essa.

All'interno del campo energetico generale della torre, la rabdomanzia può individuare quattro flussi di energia più intensa che si dirigono verso le direzioni cardinali dalla torre in uno schema a croce. Ho scoperto che uno di questi flussi attraversa una sedia preferita nel mio studio, facendo l'analisi su mappa durante un workshop alla conferenza della British Society of Dowsers, a mezzo mondo di distanza. Ecco perché quel punto era così bello!

A volte sento impulsi di energia che si propagano orizzontalmente dalle torri quando mi sintonizzo con esse, così come gli studenti quando facciamo una cerimonia di benedizione delle torri. A volte, stando in piedi vicino a una torre con i palmi rivolti verso di essa, si avverte un senso di assenza di peso e di elevazione. Questo effetto antigravitazionale è più forte con la luna piena.

Maggiori informazioni sul vortice

Le torri sono solitamente situate in un punto di vortice verso il basso, un modello energetico 'geo-spirale' solitamente associato a un incrocio di linee energetiche. Il vortice tende a gonfiarsi con la torre che lo sovrasta e con le persone che interagiscono con esso. La radiestesia mostra che le bande della spirale tendono ad allargarsi, a diventare più vibranti o numerose.

Una spirale terrestre discendente può anche avere un movimento verso l'alto e risalire una torre, come accade su antiche pietre e monumenti, tra cui le torri

Irlandesi. Gli effetti sorprendenti della rabdomanzia delle bande di energia vorticosa sulle pietre megalitiche sono stati illustrati dalle esperienze del rabdomante e autore Tom Graves, in *Needles of Stone*.[1] In genere ci sono sette bande di energia, le prime due si trovano sotto terra.

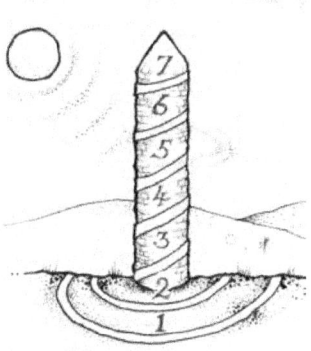

Tom mi ha raccontato che la settima banda energetica, in cima a una pietra eretta, può dare al rabdomante una bella scossa quando viene sintonizzata. Più in basso, in corrispondenza della quinta banda, i radiestesisti possono letteralmente girare a vuoto, in quanto vengono spinti lontano dalla pietra, a destra o a sinistra. È stato riscontrato che la polarità di questo effetto di rotazione cambia ogni sei giorni dopo il novilunio e il plenilunio. La polarità dell'energia è stata percepita in modo diverso da ogni radiestesista.

Porta dell'energia e radionica

Secondo il ricercatore energetico Harvey Lisle, la porta energetica di un albero è associata al punto neutro di un magnete - situato nel punto in cui l'atmosfera con carica positiva incontra la Terra con carica negativa. Egli seppellisce un barattolo di rimedi di terra BD intorno alle radici di un albero, in corrispondenza della porta energetica inferiore, dove passa anche una linea di energia terrestre. Il campo energetico dell'albero ne risulta notevolmente amplificato.[2]

La cosiddetta porta energetica di una torre sembra essere un'altra cosa. Potrebbe trovarsi nel punto in cui le onde di Schumann hanno smesso di annullarsi, all'incirca al punto di 2,1-2,4 metri raccomandato da Callahan per l'altezza della torre. E potrebbe essere un aspetto della settima banda del vortice. Qualunque cosa sia, la porta energetica si trova da qualche parte intorno alla cima della torre e la sua posizione esatta deve essere accertata con la rabdomanzia.

In corrispondenza di questa porta energetica si potrebbe collocare un barattolo di rimedi da diffondere nel campo energetico della torre. Crea una vera e propria porta nella parete del tubo o magari lega un barattolo all'esterno del tubo. Se c'è un tappo non metallico rimovibile, è possibile collocare un barattolo di rimedi radionici in quel punto. (Per facilitare l'operazione, lascia un po' di spazio nella parte superiore quando riempi la torre con la polvere di roccia).

Puoi anche posizionare un bidone d'acqua accanto a una torre in cui aggiungere materiali fertilizzanti (letame, borragine, ortica, erbacce, ecc.). Si dice che in questo modo si ottiene un fertilizzante liquido davvero eccellente, *"buono come il 500"*. Se il bidone è posizionato secondo la radiestesia, l'effetto potrebbe essere amplificato.

Rituali della torre

Il geomante Darryl Mitchell ha sottolineato che *"se una torre viene costruita da una persona con un forte sviluppo del ch'i, i suoi effetti saranno molto più forti rispetto a quelli di una persona inesperta, poiché attiriamo il ch'i nel tempo e nello spazio"*. [3] Tanto meglio utilizzare la sinergia di un gruppo mirato di persone con cui costruire e programmare.

Le cerimonie e i rituali sono potenti amplificatori di energie e intenzioni e aiutano le persone a raggiungere stati alterati di coscienza, che sono un prerequisito per la magia! Riunire un gruppo di amici per costruire la torre e poi benedirla, per rafforzare le tue intenzioni, è un'ottima idea. Scegli un giorno importante del calendario lunare o solare per farlo, se possibile. La luna piena è perfetta per una cerimonia della torre, quando le energie sono più forti. Oppure cerca la data e l'ora migliore.

Le nostre intenzioni possono essere focalizzate sulla programmazione di questo campo energetico per svolgere funzioni specifiche. Fai delle semplici dichiarazioni d'intenti positive, mentre le visualizzazioni degli altri le rafforzano. Termina la cerimonia con dei suoni armoniosi. Cantare e fare dei cori intorno a una torre può essere potente e sorprendente dal punto di vista uditivo. Il canto stimola le energie della Torre e le proprie. Il canto OM è particolarmente efficace, mentre la meditazione viene potenziata accanto a una Torre: entrambi

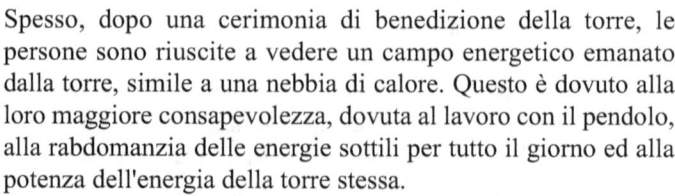

sono perfetti per una cerimonia di programmazione o manutenzione del campo energetico. Crea la tua cerimonia!

Spesso, dopo una cerimonia di benedizione della torre, le persone sono riuscite a vedere un campo energetico emanato dalla torre, simile a una nebbia di calore. Questo è dovuto alla loro maggiore consapevolezza, dovuta al lavoro con il pendolo, alla rabdomanzia delle energie sottili per tutto il giorno ed alla potenza dell'energia della torre stessa.

Di solito dopo una cerimonia della torre si fanno molte chiacchiere felici, perché i partecipanti assorbono l'energia vibrante che rinfresca la loro stessa energia. Può essere difficile tornare a casa. Se non ti senti bene dopo aver costruito una torre, forse c'è qualcosa che non va!

Sappi che gli schemi di pensiero negativi possono disturbare le intenzioni benefiche di una cerimonia della torre. Assicurati che tutti si sentano a proprio agio con ciò che sta accadendo, oppure lascia che si ritirino. Si sta canalizzando l'energia dello spazio e del tempo cosmico, delle persone e dei luoghi, quindi è meglio non esagerare!

Il potere dei pensieri e dei sentimenti è molto più grande di quanto tendiamo a credere. Se sincronizzati da un gruppo armonioso durante una cerimonia della torre, possono essere potenti e altamente edificanti!

Sopra: Cerimonia di benedizione della torre.
Destro - Sintonizzarsi con i'energia della torre.
Pagina succesiva - Coltivatori di grano nell'Australia Occidentale che si godono una nuova Torre Energetica.

Riferimenti
1 - Graves, Tom, *Needles of Stone*, Turnstone, UK, 1978 & 2008, UK. (Disponibile download gratuito.)
2 - Lovel, Hugh, *Agricultural Renewal*, Union Agricultural Institute, USA, 2000.
3 - Mitchell, Darryl, *EMFs and Energy Towers*, *Green Connections* magazine, No. 15, Australia.

Capitolo 4.6 I problemi con le torri

Da quando il professor Callahan è venuto in Australia nel 1993 e ci ha parlato delle sue incredibili scoperte sugli effetti biologici del paramagnetismo, ho scoperto il potere delle polveri di roccia australiane e ho costruito centinaia di Torri Energetiche. Non comprendiamo appieno i meccanismi coinvolti e considero ancora la tecnologia delle torri come sperimentale. I buoni risultati sono sufficienti a motivarmi. Tuttavia, a volte le torri non sono sempre efficienti.

Nell'agosto del 2000 mi sono recata in Australia meridionale con il radiestesista e scrittore Inglese Tom Graves e siamo stati accompagnati da Dean Gentilin, di Port Lincoln, a visitare diverse torri nella penisola di Eyre. Immagina la mia delusione quando abbiamo visitato alcune grandi fattorie con enormi torri di cemento, per poi scoprire che la maggior parte di esse era inefficace. Anche gli agricoltori erano piuttosto scontenti.

Cosa può andare storto?
Impariamo molto dai fallimenti, quindi è utile capire cosa potrebbe andare storto in queste torri. Se i problemi non vengono discussi liberamente, è difficile fare progressi onesti in un campo così nuovo. E se le persone continuano a costruire Torri per gli altri (alcune delle quali si fanno pagare profumatamente!) che non hanno effetti misurabili, l'intero campo della geomanzia potrebbe essere screditato. Complessivamente, ho individuato nove aree in cui potrebbero sorgere dei problemi e che potrebbero spiegare la mancanza di effetti utili o peggio. Potrebbero essere coinvolti anche altri fattori.

1) Materiali o costruzione inadeguati?
Il professor Callahan ha definito le torri rotonde Irlandesi come '*semi-conduttori ricchi di silicio*' che canalizzano energie cosmiche. Alcune delle Torri Energetiche che ho visto in Australia Meridionale erano costruite con quantità variabili di metallo. Direi che la sostituzione di materiali semiconduttori ricchi di silicio con un metallo ferro-magnetico sta andando fuori strada. A volte le specifiche di costruzione non sono sempre rispettate da chi le costruisce. La radiestesia può essere molto utile per indagare su qualsiasi aspetto della costruzione delle torri energetiche.

2) Punto energetico sbagliato?
Callahan suggeriva di collocare le torri di energia su un vortice di energia terrestre verso il basso, ad esempio sopra gli attraversamenti di linee d'acqua

I problemi con le torri

Anche se molto grande, questa Torre di Port Lincoln non funzionava correttamente perché si trovava su un vortice ascendente, come hanno scoperto i miei studenti con la radiestesia.

sotterranee. Questa collocazione tradizionale è stata confermata dalla mia rabdomanzia delle torri rotonde in Irlanda: gli attraversamenti delle linee d'acqua e le sorgenti avevano tutte un vortice discendente al centro di esse.

Tutte le torri che ho controllato durante il mio viaggio in Australia Meridionale erano situate su incroci di linee energetiche, ma non si trattava necessariamente di linee d'acqua. I punti di attraversamento che presentavano un vortice discendente erano una minoranza. Tutte le torri situate sopra il vortice discendente erano in qualche modo efficaci o, nel peggiore dei casi, non efficaci. D'altra parte, la qualità dell'energia emanata dalle torri situate sopra un vortice positivo era diversa e ci metteva a disagio. Nel peggiore dei casi, ad alcuni di noi è venuta la nausea.

Spesso il mio pendolo descriveva un'insolita rotazione ellittica in risposta al campo energetico delle Torri su vortici ascendenti: un'altra indicazione della differenza di qualità rispetto a quelle posizionate correttamente.

Negli anni successivi mi sono imbattuta in torri di energia situate su vortici ascendenti anche nell'Australia occidentale. Finalmente qualcuno fu in grado di spiegarmi questo posizionamento. Mi è stato detto che "*Alcune persone venute dall'America ci dissero che quanto indicato da Callahan doveva essere capovolto perché ci trovavamo nell'emisfero meridionale*". Che sciocchezza! Il basso è il basso, in qualsiasi parte del mondo ci si trovi. Questo dimostra una totale mancanza di comprensione dei principi coinvolti e di conseguenza getta discredito sulla tecnologia delle Power Tower.

3) Posizione inappropriata?
Alcune torri sono state posizionate in modo del tutto inappropriato. Ad esempio, ne è stata osservata una nel bel mezzo di una zona umida, adiacente a un campo

Agricoltura Energetica

di orzo sopra una recinzione metallica. Il proprietario era soddisfatto del raccolto in quel campo (anche se le precipitazioni erano state buone). Ma avvicinandoci alla torre nella palude, situata sopra un vortice ascendente, Tom Graves e io ci siamo sentiti male, con forti crampi allo stomaco.

Non credo che in questo caso sia stato applicato un protocollo radiestesico sensato, ovvero chiedere *Potrei? Devo? Posso*? prima di iniziare il lavoro di radiestesia. Di solito ricevo un 'no' se chiedo l'opportunità di collocare una torre tra alberi già esistenti, come in questo caso. Callahan ha detto che non sono state collocate tra gli alberi. In ogni caso, sembra che non sia necessario, soprattutto se le torri sostituiscono gli alberi, come alcuni sostengono. (Secondo Callahan, gli alberi e le torri raccolgono entrambi le onde Schumann, ma gli alberi assorbono i monopoli negativi del sole, mentre le torri raccolgono i monopoli positivi, quindi un confronto completo potrebbe non essere appropriato).

Alcune persone cercano di ottenere il consenso e la collaborazione degli spiriti della natura locali prima di costruire le torri e di ottenere il permesso di costruire il luogo. Il semplice atto di chiedere al luogo, tramite la rabdomanzia, di scoprire se il punto rabdomantico va bene può evitare il problema di una posizione inappropriata.

4) Motivazioni sbagliate?

Le motivazioni alla base dell'ubicazione e della progettazione delle torri energetiche potrebbero essere causa dell'efficacia delle stesse. In origine le torri erano associate a luoghi di grande santità e apprendimento in Irlanda. Intenzioni non etiche potrebbero contrastare l'energia positiva che ci si aspetterebbe da esse.

Un rabdomante dell'Australia Meridionale, di cui abbiamo visto le torri inefficaci, era noto per aver chiesto onorari molto alti, circa 5000 dollari. Gli agricoltori sarebbero stati felici se le torri avessero funzionato, perché le loro spese per i fertilizzanti erano normalmente molto elevate. Ma le torri non erano tutte funzionanti e un agricoltore era così scontento che ha fatto causa per il compenso pagato.

È molto triste che l'avidità sia il fattore motivante di questa semplice tecnologia sperimentale. Ma ci sono squali in tutti gli affari, quindi meglio scoprirlo da soli!

I problemi con le torri

5) Interferenze geologiche?
Una grande torre, situata su una collina della Penisola di Eyre, era circondata da un campo energetico incantevole e pacifico. I proprietari amavano recarsi lì e meditare regolarmente. Posizionata sopra il necessario vortice discendente, sembrava promettere molto bene, ma non lontano da esso, il campo energetico si è ridotto a zero. Qual era la causa? Mi è sembrato abbastanza ovvio quando ho osservato ciò che stava accadendo sul terreno. Nel punto in cui il campo energetico si esauriva, si notava una cintura di calcare e il resto del campo intorno alla collina era ricoperto di calcare. Essendo una pietra altamente diamagnetica, immagino che il campo paramagnetico della torre sia stato annullato dalla grande quantità di calcare diamagnetico presente.

Una risposta a questo problema potrebbe essere quella di spargere polvere di roccia paramagnetica sul terreno e questo è sempre consigliato per massimizzare l'efficienza di una Torre Energetica.

6) Disturbi minori
A volte si verificano piccoli disturbi energetici associati alla costruzione di una torre. In alcune occasioni, alcune delle persone che stanno aiutando nella costruzione della torre iniziano a sentirsi male, soprattutto allo stomaco, ma di solito il giorno dopo non c'è più. Lo ritengo dovuto agli enormi e sottili cambiamenti di energia che agitano le persone, quindi non è un grosso problema.

Sono anche consapevole del fatto che in alcuni casi, secondo la mia esperienza, piante e animali malsani sono morti rapidamente dopo la costruzione della torre. Questo è dovuto alla possibilità che i processi naturali vengano accelerati dalla torre. Ad esempio, un'infezione batterica potrebbe essere accelerata dal campo energetico di una torre energetica.

7) interferenza metallica?
Ho scoperto che la portata del campo energetico di una torre viene ridotta, deviata o trattenuta dalle recinzioni metalliche o dagli edifici che si trovano nelle vicinanze. Il metallo 'interrompe' le energie, come dice il rabdomante T.C. Lethbridge. Questo è stato verificato da Brett Siegert, nella sua fattoria di grano e pecore nella Penisola di Eyre.

Brett stava ottenendo buoni risultati, con un aumento della resa del grano da una sola delle sue tre torri, che si trovava sopra un vortice discendente e molto vicino alla linea di recinzione. Al di là della linea di recinzione, nel paddock successivo, il grano e i pascoli non sono mai così buoni come nel campi delle torri. (Puoi vedere il campo e sentire Brett che ne parla nel filmato Geomantica *Making Power Towers*).

8) Etica e proprietà?
Anche l'etica della proprietà viene messa in discussione. È nostra intenzione inviare un campo di energia su una vasta area, nelle terre e nelle case dei nostri vicini, senza che questi ne siano a conoscenza o abbiano dato il loro consenso? Alcuni sostengono che le loro torri sono in grado di farlo. Ma è etico? Io penso di no. Trovo fortunato che la tipica linea di recinzione metallica dei nostri confini probabilmente conterrà la maggior parte del campo energetico che generiamo con una torre di energia.

Questa domanda è particolarmente importante quando intendiamo sintonizzare il campo energetico della torre in modo che sia utile solo per alcune colture. La frequenza potrebbe inimicarsi le altre piante. (Lo stesso problema si pone per l'etica delle trasmissioni radioniche).

Ho sentito parlare di una persona nel nord del Nuovo Galles del Sud che una volta ha sperimentato la diffusione radionica di erbicidi tramite il suo dispositivo radionico. Hanno diffuso l'erbicida sulla proprietà, ma senza prestare la dovuta attenzione ai confini. La vegetazione delle proprietà circostanti ne risentì terribilmente.

"*Il risultato è stato una perdita considerevole per le proprietà commerciali vicine e un grave danno ambientale per le aree di terreno a foraggio*", mi ha detto il mio informatore, il ricercatore radionico Gil Robertson di Port Lincoln. Non mettere mai sostanze chimiche nocive nelle trasmissioni della tua torre!!! Dobbiamo assumerci la responsabilità delle energie che stiamo generando e tenerle ordinatamente entro i nostri confini è un'ottima idea.

9) Tempismo
Un paio di torri che ho aiutato a costruire hanno dovuto essere smontate in seguito. Emettevano energie sgradevoli e le cose non andavano bene fino a quando non sono state smontate. Quando si è esaminata l'astrologia di quei tempi, si è scoperto che si trattava di un "*Giorno delle Torri Cattive*"! Le stelle non ci hanno sorriso e, dato che stavamo sfruttando l'energia del tempo, questo ha fatto sì che le energie sgradevoli della torre continuassero anche dopo. Ora consiglio sempre di scegliere un buon momento per la costruzione, sia con l'astrologia che con la radiestesia, per ottenere i migliori risultati.

Conclusione
Si tratta di una tecnologia sperimentale, adatta al fai da te. Diffida del suo sfruttamento commerciale. Segui la guida delle tue facoltà intuitive e difficilmente sbaglierai.

Ti avverto che i dispositivi apparentemente più sofisticati (commerciali) come i Tubi Cosmici possono essere così potenti che operatori non addestrati possono scatenare energie indesiderate che potrebbero andare fuori controllo. Ho chiesto volentieri ai proprietari di questi dispositivi la loro efficacia. La risposta comune è: *"Era così forte e non sapevo bene come gestirla, quindi abbiamo dovuto tirarla giù"*.

Una ricerca scientifica sulle torri è attesa da tempo. Non sappiamo quanto siano determinanti per il successo, ad esempio, la posizione, il design e così via. L'ideale sarebbe organizzare prove sul campo adeguatamente controllate, in modo che gli agricoltori possano adottare la tecnologia con maggiore fiducia in futuro. Ma chi finanzierebbe tali studi?

A mio avviso, è meglio che gli agricoltori e i giardinieri si mettano in gioco e lo facciano! Se lo fai da solo, avrai pochissimo tempo e denaro da perdere. Se non ti fa stare bene, smontalo e magari riprova!

Ho visto molti effetti ottenuti con le torri, alcuni meravigliosi, altri mediocri e altri ancora praticamente nulli. Sono sempre desiderosa di saperne di più su tutti gli effetti che sono stati sperimentati, compresi quelli negativi, perché è così che impariamo a fare le cose per bene.

Questa simpatica Power Tower è attraente ma non molto efficace. Sono quelle brutte che funzionano davvero!

Parte quinta - Cultivare con un Futuro

Capitolo 5.1 Olive sorprendenti

L'agricoltore biodinamico Pia Lindgrew vive nella Hunter Valley del Nuovo Galles del Sud (NSW, Australia), vicino a Pokolbin, un rinomato distretto vinicolo Australiano. La fattoria è stata acquistata tre anni prima della mia visita (a metà degli anni '90). Con il marito Greg, avevano 6.000 giovani ulivi, con piani per altri 6.000. Secondo le sue conoscenze, all'epoca questo era il più grande oliveto biodinamico privato del NSW. Era una vetrina dell'agricoltura biodinamica avanzata.

I pascoli nudi della fattoria di Pia erano già stati utilizzati per il pascolo del bestiame per molti anni, il che era positivo perché non comportava l'uso di sostanze chimiche tossiche. L'analisi del terreno è stata la loro prima impresa e dal primo giorno hanno iniziato a spruzzare il 500 biodinamico, applicandolo sempre al momento della luna calante.

Mentre una coltura commerciale come l'olivo può sembrare una monocoltura standard, le pratiche intensive di costruzione del suolo dell'agricoltura biodinamica mirano a creare una componente policulturale che non è così evidente all'occhio inconsapevole. Questa monocoltura è quindi sostenuta da una policoltura del suolo.

Per costruire il terreno prima dell'impianto delle olive, il terreno è stato vangato in profondità e sono stati incorporati nel terreno letame di pollo, dolomite e polvere di roccia basaltica locale, in ragione di dodici tonnellate per ettaro (sei tonnellate per acro). Diverse leguminose e altre colture di copertura sono state coltivate in modo continuativo e sostituite prima della maturazione, per migliorare la materia organica e i livelli di nutrienti del suolo.

Dopo aver effettuato la copertura nella primavera del 1999, hanno dovuto allestire i paddock, tracciando le posizioni di impianto degli alberi a intervalli di cinque metri per otto. Quando finalmente tutto era pronto, hanno potuto piantare gli alberi all'inizio di ottobre 1999. Gli alberi sono stati consegnati quando erano delle talee morbide di circa 50 cm (alte fino al ginocchio) e la prima cosa da fare è stata annaffiarli nei loro vasi con il liquido 500. Nei fori di impianto sono stati aggiunti sangue e ossa organiche e altro liquido 500 è stato usato per innaffiare gli alberi appena piantati.

Crescita sorprendente

"*Non dovevamo fare nulla agli alberi per un anno, a parte la cura del terreno e le colture di copertura*", racconta Pia, "*ma non è passato molto tempo prima che cominciassimo a dare di matto, perché a Natale gli alberi erano quasi raddoppiati in altezza e c'erano folti germogli laterali, una cosa quasi inaudita nel mondo dell'olivicoltura: di solito ci vuole circa un anno! Poiché siamo un'azienda di dimensioni commerciali e non dovevamo fare alcun lavoro sugli alberi per un anno, è stato un po' sconcertante, perché non avevamo nessun dipendente pronto a darci una mano. Così a Natale siamo usciti e abbiamo iniziato a potare i germogli laterali. Se non l'avessimo fatto, avrebbero interferito con la raccolta meccanica, che richiede uno spazio di 1,2 metri sotto gli alberi. Abbiamo parlato con molti esperti che ci hanno detto che dovevamo farlo*".

"*Olives Australia, il più grande produttore di olive in Australia, che spedisce 25.000 piante ogni settimana, sta facendo ricerche sulla nostra proprietà perché è rimasto così stupito dalla crescita che i suoi alberi hanno raggiunto qui. Secondo l'analisi del terreno, il nostro non è cattivo, ma nemmeno meraviglioso. Ma Olives Australia sa che la polvere di roccia è un importante additivo del terreno e che con essa le olive crescono molto meglio (anche se non sanno dell'energia paramagnetica benefica della polvere di roccia). Perciò raccomandano già che i loro alberi siano piantati con un po' di polvere di roccia*", mi ha detto.

"*Ma abbiamo dovuto lamentarci con Olives Australia perché quando sono arrivati c'era un paletto di bambù legato a ogni albero con pezzi di nastro, e quando hanno avuto una crescita esplosiva il nastro ha iniziato a strangolare la base di ogni albero! Così per tutti i seimila alberi abbiamo dovuto tagliare ogni pezzo di nastro. Quando glielo abbiamo chiesto, ci hanno risposto: "Non esiste! - Il nastro dovrebbe rompersi nel giro di un anno e gli alberi non lo superano mai".* Abbiamo mostrato loro le foto della crescita del nostro albero e sono rimasti sbalorditi! Ora stanno facendo alcuni esperimenti sulla proprietà, con la polvere di roccia e il 500, per vedere di persona cosa succede. Sarà interessante vedere cosa ne verrà fuori".

"La gente si ferma sempre per strada e viene a chiederci: 'Ma questi alberi non sono stati piantati solo un anno fa e cosa avete fatto per farli crescere?'. C'è stato molto interesse da parte della gente del posto", racconta Pia entusiasta. *Dato che lo facciamo in modo biologico e siamo molto coinvolti nell'Hunter Valley Olive Association (il più grande gruppo regionale di olivicoltori in Australia), la voce si è sparsa e presto siamo stati contattati da Boral, la grande società di costruzioni, che ha saputo cosa stava accadendo qui. Hanno saputo che stavamo usando la polvere di roccia ed hanno un prodotto chiamato Nu-Soil, che abbiamo usato anche noi. Poiché abbiamo ottenuto risultati fantastici, ci hanno chiesto di poter fare delle ricerche qui. Ora Boral ha iniziato a condurre una sperimentazione decennale qui, con i suoi agronomi, e abbiamo appezzamenti di prova in cui non usiamo polvere di roccia o 500 microbi, e un appezzamento in cui lo facciamo. Il tempo ce lo dirà, perché crediamo che l'uso di questi emendamenti del suolo ci permetterà di ottenere un olio migliore, che Boral testerà",* ha detto Pia.

Paramagnetismo

Il geologo di Boral, Tony Zdrilic, che ha lavorato alla ricerca sul Nu-Soil, aveva l'approccio integrale che anche gli agricoltori biodinamici come Pia abbracciano. Mi ha detto che ritiene che la polvere di roccia sia molto preziosa, ma non isolata. Con l'aggiunta di microrganismi e di materia organica per alimentarli, i processi biologici di digestione nel terreno vivo sono notevolmente potenziati e sono completati dai minerali e dall'energia forniti dalle polveri di roccia paramagnetiche selezionate. Il BD 500 utilizzato da Pia è un potente stimolante microbico e Boral ha iniziato a produrre il proprio additivo microbico per il terreno. Tony ritiene inoltre che le Torri Energetiche possano favorire l'attività della vita del suolo e potenziare l'energia paramagnetica impartita dalle polveri di roccia. Ho chiesto a Pia se la Torre Energetica che avevo costruito vicino a casa sua poco più di un anno prima avesse avuto effetti percepibili.

"La nostra torre è lontana dagli ulivi, ma abbiamo intenzione di costruirne una nell'uliveto, perché crediamo che ne trarremo ottimi effetti. Quando abbiamo eretto la torre, personalmente mi sono sentita male ed ho avuto un

po' di nausea. Sono una persona molto sensibile e per me è stata una cosa positiva, perché so che quando mi sento così è stata mossa dell'energia e quindi, può sembrare strano, ma questa sensazione mi piace. Quindi sapevo che la Torre era molto potente!".

"*All'epoca c'erano stati sei mesi in cui non era piovuto quasi nulla qui ed era molto, molto secco. Credo che dopo circa una settimana abbia iniziato a piovere ed ha continuato a piovere ed a piovere fino al punto in cui non potevamo far uscire i trattori o altro. Era strano, uno strano periodo dell'anno in cui pioveva così tanto, e Greg scherzava sul fatto che avremmo dovuto abbattere la torre. Non so se sia stata una coincidenza o se le torri aiutino davvero a piovere.... Da quando è stata costruita la Torre, le persone buone continuano ad essere attratte da questo posto. Quindi c'è sempre una buona energia in arrivo*".

Appena arrivato nella proprietà ho percepito la buona energia presente ed ho osservato un gruppo di canguri che si rilassava felicemente al crepuscolo. Anche il bracciante Ernie gode di una salute migliore da quando vive nella fattoria. Per anni ha sofferto di un debilitante dolore cronico alla schiena, dovuto a un incidente. Da quando lavorava nei campi spolverati di roccia, le sue condizioni erano molto migliorate e ora poteva camminare per chilometri ogni giorno, dopo aver riempito le suole delle scarpe di polvere di roccia! Dormiva meglio che mai, da quando aveva messo un sacchetto di polvere di roccia sotto il letto.

Pia ha anche sperimentato altri usi della polvere di roccia. Ha fatto delle prove con la germinazione del grano biologico e i germogli più impressionanti, che uscivano dalla loro scatola, erano quelli con l'aggiunta di polvere di roccia ed il preparato 500.

Pia mi ha raccontato una storia dei suoi vicini, di un'occasione in cui hanno fatto il 500 nella loro fattoria biodinamica. Usavano letame di mucca verde e sciolto, con l'aggiunta di polvere di roccia, argilla e un po' di 500. La miscela veniva infilata in corna di mucca che venivano interrate durante l'inverno. Per l'ultima miscela avevano esaurito il 500 verso la fine, ma hanno usato la miscela senza di esso per le ultime corna. Quando le corna furono dissotterrate una stagione dopo, tutto l'impasto si era trasformato in 500: era nero, friabile e aveva un odore meraviglioso. Ma nelle corna che avevano perso il 500, la miscela era ancora verde e sciolta come quando era stata introdotta.

Aggiornamento 2011
Purtroppo, la meravigliosa azienda olivicola di Pia Lindgrew non esiste più. Qualche anno fa ho saputo che è stata sottoposta a un'espropriazione forzata per una miniera di carbone a cielo aperto. La zona è piena di miniere di questo tipo che stanno divorando i fertili paesaggi agricoli. Deve essere stata una perdita straziante per loro. Ma la storia ispiratrice di Pia rivive in questo libro e anche nel film di Geomantica in cui compare *Remineralising the Soil*. Tutte le serie ed i video sono disponibili sulla piattaforma digitale in accordo con Alanna Moore, www.elettro-coltura.com

Capitolo 5.2
Le produzione lattiero casearia biologica

Venendo a visitare l'azienda lattiero-casearia biologica di 86 ettari di Ron e Bev Smith a Fish Creek, nel South Gippsland, Victoria, Australia, sono arrivata in un'oasi lussureggiante. Tutt'intorno, i paddock dei vicini stavano cuocendo al sole dopo diciotto mesi di siccità ed avevano trasportato acqua per diversi mesi. Nella fattoria degli Smith, le enormi dighe di Keyline erano piene solo al 20%, ma fornivano comunque acqua in abbondanza per l'irrigazione.

Nel 1980 la famiglia era stata costretta a smettere di usare i fertilizzanti chimici a causa delle reazioni asmatiche che Ron manifestava ogni volta che li applicava. Iniziarono così a convertirsi ai metodi biologici, eliminando del tutto gli input sintetici. Nel 1989 hanno ottenuto la certificazione biologica completa da parte della NASAA (il massimo organismo di certificazione biologica Australiano).

La commercializzazione è stata una sfida, ma alla fine Sandhurst Farms li ha assunti nel 1992 per vendere il primo latte biologico in Australia. Oggi il latte è venduto in cartoni in molti supermercati della regione vittoriana e in altri paesi. Ron e Bev sono giustamente orgogliosi dei loro risultati pionieristici. Quando hanno affittato la fattoria per la prima volta nel 1978, il terreno era in uno stato molto povero e degradato. Tuttavia, hanno perseverato e hanno sottoscritto un'opzione di acquisto nel 1980. Le analisi del suolo di allora rivelarono un terreno altamente acido, con un pH di appena 3,9 e una profondità del suolo superiore vivente di soli 50 mm. Iniziò così una ripida curva di apprendimento, con gli Smith che frequentavano seminari e giornate sul campo per approfondire le conoscenze sulla salute del suolo. Oggi il terriccio vivo scende fino a 200 mm, ha una buona struttura e un pH ottimale compreso tra 6 e 6,5.

Pianificazione Keyline
Per poter lavorare su basi solide, nel 1980 hanno fatto redigere un piano dell'intera azienda agricola. Poi costruirono una diga da 20 megalitri per il bestiame e l'acqua domestica, per trattenere parte dei 1010 mm di pioggia annuale, soprattutto invernale. Ken Yeomans è stato chiamato a sviluppare un progetto per la Keyline. Il concetto di base del sistema di irrigazione Yeomans Keyline consiste nel collocare le dighe nella posizione più alta e appropriata di una valle. Da questo 'punto chiave', i canali si diramano lungo i contorni

del terreno dalla base delle pareti della diga. L'acqua può quindi essere irrigata dalla diga lungo i canali, con un sistema di bandierine per controllare il flusso dell'acqua. Anche la rippatura viene effettuata lungo i contorni per aumentare l'infiltrazione dell'acqua in superficie e prevenire l'erosione. (Su larga scala, questo può anche mitigare il potenziale di inondazione).

Nel 1983 è stata costruita un'enorme diga da 130 Mega litri per un'irrigazione più spinta. Questa copre 3,5 ettari (8 acri) quando è piena e ha un perimetro di un chilometro. Due canali partono dalla parete della diga (come si vede nella foto), dove un rubinetto di 40 cm eroga l'acqua da un tubo installato sotto la parete della diga.

Un canale corre verso est con una leggera pendenza di 1:500 per 600 metri, l'altro verso ovest con una pendenza di 1:2000 per 2,1 km. L'irrigazione a pioggia viene sempre effettuata il giorno dopo la luna piena o nuova, con 4 ettari irrigati ogni ora, a 30.0001 litri al minuto.

Intorno ai canali e tra i paddock, sono stati piantati circa 12.000 alberi lungo 4 km di fasce di protezione. In alcune aree, la boscaglia residua è stata recintata nel 1978 e ora è fitta e sana. Rane e uccelli sono tornati in gran numero. Dopo la pioggia è possibile identificare trenta diversi richiami di rane!

"*Odio vedere le linee rette*", ha detto Ron, mentre ammiravamo le siepi ondulate che inizialmente erano state piantate lungo il contorno. "*Dato che il terreno degrada verso sud-est, da dove provengono i venti prevalenti, è davvero meglio far correre le siepi lungo il contorno, in modo da spezzare il vento*".

Magia del suolo
Per ripristinare la fertilità del terreno, gli Smith sono stati molto diligenti nel bilanciare i nutrienti del suolo. Il terreno, un tempo esausto e compattato, è ora sciolto, ricco di abbondante vita del suolo e di circa cinquanta vermi per pala. Il pascolo è fitto, con radicamenti profondi di trifoglio, erba e cicoria, tutti con steli robusti e solidi. Le piante hanno un alto contenuto di zuccheri minerali (misurati con i livelli Brix) e questo dissuade i parassiti dall'attaccare. I fertilizzanti costavano solo 12.000 dollari Australiani all'anno, rispetto ai 35-45.000 dollari di un'azienda lattiero-casearia convenzionale delle stesse dimensioni.

Gli Smith utilizzano il sistema Albrecht di bilanciamento del terreno, con analisi del terreno effettuate presso i Brookside Laboratories in America.

Questo test stabilisce la capacità di scambio cationico del terreno, in base alla quale viene elaborata una miscela di fertilizzanti minerali. I livelli di pH del suolo vengono regolati migliorando l'equilibrio dei nutrienti, in contrapposizione al metodo semplicistico del calcare.

Gli animali che pascolano su pascoli equilibrati godono di buona salute. Gli Smith hanno raramente avuto bisogno di ricorrere al veterinario, mentre un'azienda agricola equivalente non biologica avrebbe potuto spendere 5-10.000 dollari in un anno di spese veterinarie. Ron ha dovuto assistere una mucca per il parto solo una volta all'anno.

Se i pascoli iniziavano a sembrare stressati, Ron applicava un tonico sotto forma di minerali marini liquidi, una dose concentrata di acqua di mare con livelli ridotti di sodio. *"Ma questo funziona solo se i livelli di fosfato e calcio sono in ordine"*, dice Bev.

Anche le erbacce non erano un grande problema, ma se necessario si usava un lanciafiamme a gas o un tagliabordi per controllarle.

Paramagnetismo

Forse il più importante fertilizzante per il terreno usato dagli Smith era la polvere di roccia basaltica proveniente dalla cava di Mt Schank, vicino a Mt Gambier, nell'Australia Meridionale. Fornisce un'ampia gamma di minerali e oligoelementi, ma sono le eccellenti qualità paramagnetiche a renderla superiore alle altre. Ron ne sparge 1,5 tonnellate per ettaro ogni cinque anni circa ed è molto entusiasta dei risultati. *"Il pascolo raramente appassisce"*, ha detto, *"e questa è la prova che il paramagnetismo impartito al terreno dalla polvere di roccia ha ridotto i tassi di evaporazione"*. (In seguito gli Smith si rifornirono di basalto frantumato dalla cava di Harkaway, vicino a Pakenham, nel Victoria, una fonte molto più vicina e di qualità sufficiente per le loro esigenze).

Problemi con l'acqua

La mancanza d'acqua è stato un problema iniziale, risolto con la costruzione di enormi dighe di stoccaggio. In seguito le dighe furono infestate da alghe blu-verdi tossiche, causate dagli effluenti di un allevamento di maiali vicino. Quando furono installati i bacini di raccolta degli effluenti designati dall'EPA, le alghe si ridussero un po', ma il problema continuò a ripresentarsi.

Alla fine hanno ottenuto un controllo soddisfacente delle alghe con un programma biennale di posizionamento di balle di paglia d'orzo organica intorno al bordo della diga, nell'area in cui si infiltrava il deflusso dell'acqua nociva. In questo modo si introducono batteri sani che combattono le alghe. Nella grande diga sono state installate trenta balle di paglia, metà in primavera e metà nel tardo autunno. I maestosi cigni neri che ho visto scivolare sull'acqua sembravano approvare molto.

Acqua energizzata

Gli Smith decisero di utilizzare un'unità d'acqua dinamizzata per tutta la casa e per gli abbeveratoi del bestiame. Progettata dall'austriaco Johann Grander, si dice che sia in grado di ripristinare le energie naturali dell'acqua, come quelle di una sorgente naturale. Ispirandosi al lavoro di Schauberger, Schwenk, Tesla e Hahnemann, il sistema di Grander prevede un campo magnetico liquido permanente e il principio dell'implosione. Non richiede elettricità, filtri o sostanze chimiche per funzionare. L'acqua riceve un campo energetico benefico, facilmente percepibile con la rabdomanzia sul tubo dell'acqua. La fotografia Kirlian rivela un modello altamente strutturato di quest'acqua. Il risultato è un miglioramento della salute e della produzione agricola.

"*Se potessero scegliere, le mucche berrebbero solo acqua energizzata e ne sarebbero entusiaste!*", ha dichiarato Ron, i cui undici figli ne usufruiscono, e tutti abbondano di salute e vitalità. La famiglia mescola anche un po' di polvere di roccia all'acqua potabile per aggiungere minerali ed energia.

Con l'acqua energizzata utilizzata per lavare gli effluenti del caseificio, i livelli di batteri e di inquinamento si riducono notevolmente. L'assenza di odore di letame è evidente. Con l'aggiunta di un po' di perossido di idrogeno (al 50%) per il lavaggio degli impianti di mungitura, il bisogno di detergenti era minimo. Ron ed altri hanno continuato a educare i politici sui vantaggi di questa tecnologia per la comunità in generale.

Mantenere le mucche in salute

Mantenere le circa centocinquanta mucche sane e felici è stato facile, considerando l'acqua e il pascolo di alta qualità che consumavano. L'alimentazione era integrata da balle di erba medica biodinamica e di fieno spedite da Narrandera, nel Nuovo Galles del Sud.

Gli Smith hanno usato diversi altri integratori per la salute in tempi diversi. Amano cantare le lodi di rimedi all'antica come l'aceto di sidro di mele, non quello distillato, ma l'originale aceto fermentato che conserva la pianta 'madre'. Ne consumavano 1.000 litri all'anno! Solo la famiglia ne consumava 25 litri.

Somministrato alle vacche, soprattutto durante il parto, l'aceto naturale di sidro di mele favorisce l'elasticità e accelera notevolmente il parto. Anche l'Arnica liquida omeopatica veniva somministrata al momento del parto. Se le mucche non avevano un bell'aspetto, si somministrava loro un po' di aceto o di perossido di idrogeno (o Acqua Ossigenata) in acqua.

Le mucche non venivano mai vaccinate e in genere non erano mai soggette alla presenza di vermi. Tuttavia, Ron ci ha trasmesso alcune valide ricette che utilizzava per mantenere la salute delle vacche. La ricetta dell'inzuppo naturale, che lui usava occasionalmente, è sufficiente per una vacca e viene somministrata per quattro giorni consecutivi.

Ricetta di Ron : Tonico per la Mucca

* 1 tazza di dolomite
* 1 tazza di aceto
* 1 tazza di melassa
* 1 tazza di acqua, mescolata alla soluzione.
    Aggiungere a questo -
* aun quarto di tazza di Maxicrop
* un quarto di tazza di lievito granulare
* più un po' di sale, se lo desiderate.

Per la febbre del latte, aggiungere un cucchiaio di fosfato monosodico.

Ricetta di Ron: Leccata per Mucche

* Una parte di dolomite, aceto e melassa,
* più un quarto di polvere di roccia basaltica e sale,
* più un decimo di polvere di kelp.
* A questo si può aggiungere anche qualche pizzico di zolfo elementare.

Ron era acutamente 'in sintonia' con la sua mandria, in grado di percepire qualsiasi disagio, anche quando era fuori città. Naturalmente avvertiva anche il bisogno di tonici per il pascolo. E quando martedì arrivò uno stormo di cacatua neri, Ron annunciò: "*Sta arrivando un cambiamento del tempo, probabilmente venerdì pioverà*". Giovedì sera pioveva. In un periodo in cui il clima è così imprevedibile, è ovviamente molto utile capire i segnali della natura.

Il latte

Le circa cento vacche da mungere degli Smith, per lo più di razza Fresia, producevano ogni anno 500.000 litri di latte biologico. Il numero medio di lattazioni era di otto e alcune mungitrici avevano un'età compresa tra i dieci e i dodici anni, molto più alta e più vecchia rispetto alle mandrie non biologiche. Il latte aveva livelli nutritivi molto elevati. La cromafotografia ha rivelato che aveva livelli di enzimi e aminoacidi dieci volte superiori a quelli del latte prodotto in modo convenzionale.

Per motivi di salute, il latte veniva venduto non omogeneizzato. Quando si omogeneizza il latte, l'enzima Xantina ossidasi viene scomposto in particelle molto fini che il corpo non può espellere. Quando viene assorbito nel flusso sanguigno, attacca il cuore e ostruisce le arterie", ha spiegato Bev.

Lo stile di vita

Ron e Bev hanno vissuto lo stile di vita molto impegnativo e stimolante dell'allevamento biologico con un'energia e un entusiasmo apparentemente senza limiti. Stavano crescendo una famiglia numerosa di bambini molto in forma, sani e intelligenti in un'atmosfera di amore ed armonia.

Sapere che i loro prodotti contribuivano alla salute degli altri li rendeva molto sereni e condividevano volentieri le loro conoscenze in lungo e in largo. Ron si recava spesso a parlare a conferenze o giornate in fattoria, diffondendo il verbo del biologico. L'interazione con gli altri allevatori biologici era costante, con telefonate quotidiane, lettere e riviste da tutta l'Australia e dal mondo. Non c'è dubbio che altri allevatori convenzionali siano stati incoraggiati a intraprendere la strada del biologico. Di certo oggi in Australia ci sono molti marchi di latte biologico sul mercato. Ho trovato la fattoria della famiglia Smith, e la loro vita, decisamente stimolante!

Aggiornamento 2011:

Da allora gli Smith hanno venduto e si sono ritirati dell'allevamento. Ora si stanno godendo un meritato riposo!

Capitolo 5.3 Grano con una differenza

La regione di Mallee, nell'estremo nord-ovest dello stato di Victoria, è in gran parte un territorio pianeggiante e semi-arido che si estende fino all'Australia Meridionale e che è delimitato a nord dalla pianura irrigua del fiume Murray. A sud, i parchi nazionali di deserto selvaggio sono splendidi quando sono ricoperti di fiori selvatici in primavera.

L'albero di Mallee Gum, che caratterizza queste zone, ha un lignotubero estremamente resistente che permette al piccolo albero di affrontare la siccità e di germogliare nuovamente dopo gli incendi provocati dai fulmini dei secchi temporali estivi. Quando i coltivatori di grano si trasferirono in queste terre marginali, si affannarono a strappare le Mallee Gums il più velocemente possibile. Le famose radici di Mallee venivano spedite a Melbourne per ricavarne legna da ardere e persino in Inghilterra per fabbricare pipe da fumo. Da allora, con la perdita della maggior parte della copertura arborea, le precipitazioni annuali regionali sono diminuite di circa un terzo.

Da queste parti non è raro attraversare enormi nuvole vorticose di terriccio che si sollevano dopo che un accenno di pioggia spinge gli agricoltori ad arare. Invece di portare la pioggia, i venti possono raccogliere il terriccio e spedirlo a sud e a est verso il mare di Tasmania o la Nuova Zelanda. (Ricordo che mi trovavo a Melbourne nel 1983, quando una forte tempesta di polvere scese dal Mallee e annerì il cielo di mezzogiorno come se fosse calata improvvisamente la notte).

Un tempo le tempeste di polvere erano molto più gravi, duravano giorni e giorni, riempivano le case e coprivano le recinzioni e le strade. Gli agricoltori hanno cercato di modificare le loro abitudini a partire dalla grave siccità del 1902, quando sono stati introdotti il maggese e la ritenzione della spazzatura per conservare l'umidità del suolo e ridurre il rischio di polvere.

La situazione non era molto migliore quando l'ho visitata alla fine degli anni Novanta. Con i prezzi bassi della lana (e gli allevatori che si riferivano alle pecore come 'pidocchi della terra'), molti stavano espandendo le coltivazioni di grano per compensare il deficit. Ma quando le ultime tracce di terriccio saranno state spazzate via, da dove verrà il pane sulle nostre tavole? Dallo stupro di qualche altro luogo?

Avamposto di permacultura

Nel cuore della Sunset Country, sulla Mallee Highway che porta ad Adelaide, si trova la sonnolenta cittadina di Murrayville - un'identità scambiata dagli urbanisti, poiché è lontana dal fiume Murray. Dominata da enormi silos di grano, questa cittadina di circa 310 anime è sorprendentemente verde. Molti antichi Mallee Gums sono stati mantenuti in tutta la città e sono attivamente conservati dalla gente del posto. Qui sono sopravvissute rare piante autoctone e abbonda una grande varietà di uccelli, tra cui il raro Gruccione arcobaleno.

L'abbondante disponibilità di acqua fresca di falda rende il giardinaggio relativamente facile. Il clima, definito vagamente mediterraneo, può tuttavia diventare molto caldo per lunghi periodi, fino a 48°C. Le precipitazioni annuali sono di soli 250-300 mm. I tassi di evaporazione possono essere molto elevati e ogni inverno si verificano fino a trenta gelate.

L'oasi verde di Murrayville è immersa tra enormi distese di coltivazioni di grano e cereali. Il visitatore occasionale potrebbe non rendersi conto che nella zona ci sono molte migliaia di acri di coltivazioni biologiche. Se doveste sorvolare la zona, sareste piacevolmente sorpresi di vedere estese piantagioni di specie endemiche. Persino le strane piantagioni a spirale di quattro ettari (20 acri) di salicornia qua e là. Quando l'ho visitato, un uomo del posto è rimasto stupito nel vedere, dall'alto di un aereo luminoso, in lettere giganti la parola AMORE tracciata nel terreno appena arato sotto di lui.

La 'specie pioniera' responsabile dell'avvio di queste attività incentrate sulla Terra è Kym Kingdon (soprannominato Kymbo), membro di una delle famiglie di agricoltori multigenerazionali di Murrayville. Con una proprietà di sei ettari ai margini della città che lui e la moglie Kylie stavano gestendo, una giovane famiglia, un'attività di raccolta di sementi e di piantumazione di alberi, oltre alla responsabilità esclusiva dell'azienda agricola di 440 ettari di grano e pecore dei suoi genitori, Kymbo era molto impegnato all'epoca della mia visita, alla fine degli anni Novanta.

Figlio di un agricoltore tradizionale, Kymbo ha sviluppato alternative

 permaculturali già da dieci anni e i risultati sono stati eccezionali. La gestione dell'azienda agricola di famiglia negli ultimi otto anni in regime biologico si è rivelata di grande successo, con un aumento costante dei margini di profitto e dei livelli di proteine del grano. Mi è stato riferito che un altro agricoltore locale, che coltivava al 100% con metodi biologici, aveva risanato i suoi terreni in modo così straordinario che stava considerando di passare dai cereali ai legumi.

Kymbo stava rimineralizzando il suo terreno utilizzando una miscela di polveri di roccia a cui aggiunge un attivatore di microorganismi. Anche alcuni coltivatori di grano della zona hanno installato con successo "Towers of Power" Torri Energetiche, mentre molti utilizzano l'eccellente polvere di roccia basaltica del monte Gambier, nell'Australia meridionale, come unico additivo per il terreno, mi ha detto Kymbo.

I vecchi tempi
Nel 1935 Laurie, il nonno di Kym, acquistò la fattoria di famiglia dove poi nacque sua madre. "*A quei tempi*", mi ha detto Laurie, "*ricevevamo quindici centimetri di pioggia all'anno. Ora sono solo dodici o tredici centimetri*". Ha ricordato la grave siccità degli anni '30 e '40 e la casa di balle di paglia che qualcuno ha costruito quarant'anni fa nella vicina città di Pinnaroo.

Prima dell'avvento del trattore, Laurie gestiva diciotto cavalli da tiro per portare il grano al mercato e la vita ruotava intorno a loro. Teneva anche dei levrieri, alcuni maiali e migliaia di polli da carne, per sfruttare il grano coltivato. Quando la bruciatura delle stoppie fu vietata, si usarono le pecore per abbattere le stoppie.

I campi venivano lasciati a riposo per due anni su tre. Ma con l'avvento dell'agricoltura chimica, la rotazione si è ridotta a un ciclo di soli due anni. Ora Kymbo l'ha riportata a tre anni.

Per oltre cinque anni Kymbo è stato attivo nel movimento Landcare. Ora solo le zone pianeggianti della fattoria sono coltivate a grano, mentre i terreni più alti sono ricoperti da arbusti di salice e tagasaste, piante preferite per il foraggio delle pecore, che contribuiscono a ridurre l'erosione del suolo. Egli chiama questi arbusti perenni 'pagliai vivente'.

Una volta gli agnelli erano molto vulnerabili agli attacchi di corvi e volpi. Ma da quando Kymbo ha portato un solo alpaca a vivere con il gregge, non ci sono state perdite a causa dei predatori.

Condividere la visione

Gli scettici e i tradizionalisti spesso dicono che il passaggio all'agricoltura biologica su larga scala non si può fare, o che è troppo lento o difficile. Ma qui ci sono esempi di agricoltura sostenibile su terreni aridi e Kymbo è desideroso di diffonderli, ospitando ogni anno corsi di progettazione in permacultura e giornate sul campo, quando ne ha il tempo.

"*Murrayville è un luogo tranquillo e amichevole*", mi è stato detto. Offre un sacco di case a buon mercato e opportunità di lavoro a domicilio. La Casa del Quartiere era ben attrezzata e offriva molti corsi. Un recente corso sulle donne in permacultura è stato molto frequentato. Era in corso la creazione di una cooperativa comunitaria e la Olde Bakery stava per essere riaperta come panificio/caffetteria/centro di vendita al dettaglio di artigianato e luogo di ritrovo. Questa reinvenzione e riciclaggio di una città in cui la popolazione si era allontanata mi sembrava un'idea molto migliore rispetto al tentativo di creare nuove comunità da zero.

Anche la scuola di Murrayville era diventata un centro per la permacultura, con il campus circondato da splendidi giardini biologici e alcuni animali da fattoria. Il vicepreside Ian Thomson era l'appassionato responsabile dei giardini in permacultura che crescevano rigogliosi nei terreni dell'istituto secondario.

Nel suo intento di fare di Murrayville un centro per l'innovazione e l'applicazione della permacultura, Kymbo ha individuato un'interessante gamma di opportunità industriali per la regione. Tra queste, la macinazione di farina biologica, la produzione di erbe aromatiche ("*L'Australia importa circa il 90% del suo fabbisogno!*", mi ha detto), la produzione di eucalipto e di olio d'oliva, l'estrazione di salgemma ("*Ha un contenuto di minerali doppio rispetto alle alghe!*") e l'ecoturismo sono tutte attività fattibili, ha spiegato Kymbo. La sua grande visione era già ben avviata.

Capitolo 5.4: L'agricoltura in città

Il CERES è un parco ambientale di quattro ettari, unico e premiato, che è diventato il centro di educazione ambientale più visitato d'Australia. All'inizio del 2000, dopo il successo del festival Return of the Sacred Kingfisher, il CERES è stato premiato nell'ambito dei National Community Link Awards. Il progetto premiato ha caratterizzato l'approccio del CERES nel favorire la biodiversità e avvicinare le persone alla natura e all'equilibrio con la terra.

Poiché l'Australia è al primo posto nel mondo per le emissioni di gas a effetto serra, il CERES ha avviato da molti anni un programma sul cambiamento climatico, con un sentiero delle serre e una casa dell'energia sostenibile per consentire alle persone di valutare l'impatto delle loro scelte di vita. Il Parco delle energie rinnovabili è pieno di sistemi di energia rinnovabile in funzione.

Il centro si trova su un terreno abbandonato, un'ex discarica e prima ancora una cava di basalto, ora rivegetata, attraversata da giganteschi elettrodotti. Molti dei trecento volontari che aiutano nei giardini, nei siti dimostrativi e nell'amministrazione hanno dovuto sopportare lo stress elettromagnetico causato dalle radiazioni delle linee elettriche. La segnaletica, qua e là, avverte i visitatori dei livelli di radiazione, espressi in milligauss. Livelli di esposizione prolungata a 2-3 mG e oltre sono pericolosi e possono causare riduzione dei livelli di immunità, cancro e altri gravi problemi.

Alla fine del 1999 Ric Corinaldi, collaboratore del CERES, mi chiese se potevo installare una torre energetica negli orti biologici di Honey Lane dove lavora, proprio sotto le linee elettriche. Le piante crescevano rigogliose, grazie alle sue buone cure e agli effetti stimolanti del suolo basaltico paramagnetico e delle radiazioni delle linee elettriche.

Ric era stato avvertito dal suo chinesiologo che, finché fosse stato in forma e in salute, il suo corpo sarebbe stato in grado di sopportare le radiazioni, ma di non andarci se fosse stato malandato. Si sperava che la Torre avesse l'effetto di attenuare il carico di radiazioni.

Dopo la costruzione della torre di tubi in PVC (come nella foto) si è notato un immediato cambiamento nell'atmosfera del sito, un sottile senso di miglioramento.

Un anno dopo, Ric ha riferito che i giardini hanno prosperato e che il personale e i numerosi volontari sono molto soddisfatti. (Nella foto del 2011, la torre è ancora visibile, vicino alla fila di giardini acquatici a vasca).

Il venerdì è il giorno dei volontari nell'orto di Honey Lane, che dalle 10 alle 16 si dedicano alla semina, alla raccolta e all'applicazione di tecniche di miglioramento del suolo. La frutta e la verdura fresche e biologiche coltivate vengono vendute al fiorente mercato biologico del CERES, che si tiene ogni sabato mattina dalle 9.00, presso le stalle del CERES.

Consiglio di visitare il CERES per acquisire conoscenze pratiche, godersi l'atmosfera da fattoria urbana, i rigogliosi orti comunitari e magari fare un po' di rabdomanzia, per controllare l'energia nei giardini sotto le linee elettriche e intorno alla Torre. Il CERES è aperto al pubblico tutti i giorni della settimana, vi si tengono regolarmente corsi e festival, e vale la pena di visitare anche il vivaio e il caffè.

CERES Environmental Park, 8-10 Lee St, East Brunswick, Melbourne, Victoria, Australia. Sito web: www.ceres.org.au

Un fornello solare parabolico al CERES.

Glossario

Agnihotra - un sistema indiano di purificazione, guarigione e vitalizzazione di persone, luoghi, piante e animali che si basa sulla pratica regolare di cerimonie Homa (fuoco).

Alchimia - processi di trasmutazione magica e ricerca di un elisir di lunga vita.

Biodinamica - un sistema di eco-agricoltura originariamente promulgato da Rudolph Steiner. In Australia ci sono oltre un milione di ettari di terreni agricoli biodinamici.

Brix - è una misura dei livelli di zucchero nelle piante: livelli elevati conferiscono un sapore migliore, una minore predazione da parte degli insetti e una maggiore resistenza al gelo.

Carborundum - il Prof. Callahan ha realizzato delle mini Torri del Potere con carta vetrata di carborundum artificiale, che è paramagnetico. (Un'alternativa è usare la carta di granato).

Ch'i - Le energie naturali e fluenti sono chiamate collettivamente ch'i in cinese. In altre culture prana, od o orgone sono equivalenti.

Cilindro di Tesla - oggetto di forma cilindrica, prodotto sotto le indicazioni del Dr. Felsenreich, composto da polveri di roccia selezionate, materiali umici (provenienti da resti d'uva), vari preparati omeopatici e altri materiali e utilizzato dai gruppi di studio sulla risonanza naturale. Attiva e amplifica le energie naturali create dalla compostiera risonante e aiuta a minimizzare gli effetti nocivi delle radiazioni dannose.

Diamagnetico - le sostanze che si respingono debolmente da un magnete sono diamagnetiche. La presenza di sostanze diamagnetiche e paramagnetiche nel terreno garantisce un'interazione energetica dinamica, che offre buone condizioni per la crescita delle piante. La maggior parte delle piante è diamagnetica.

Dolmen - camere di sepoltura a tumulo che incorporano massi massicci e legname, ricoperti di terra in forma rettangolare, ovale o trapezoidale. Costruiti a partire da circa 8.000 anni fa, inizialmente lungo la costa occidentale dell'Europa.

ELF - energie a bassissima frequenza che vanno da 1Hz (ciclo al secondo) a 10.000Hz.

Feng shui - pronunciato foong shway o foong soy, è l'arte cinese della geomanzia, della forma e del posizionamento armonioso in relazione alle energie terrestri e planetarie.

Geomanzia - le forze sottili del paesaggio e gli spiriti del luogo. Nei tempi moderni deve concentrarsi sugli effetti biologici di tutte le energie ambientali, naturali o create dall'uomo, sulla salute e sul benessere umano.

Geomantica - argomenti legati alla geomanzia, dal folklore ai monumenti, ai modelli di terra e ai manufatti.

Geopatie - zone di emissione di energia terrestre che non sono salutari per l'uomo, di solito presenti in percorsi o vortici a spirale.

Humus - componente principale di un buon terriccio, l'humus è il complesso colloidale di materiali organici in compostaggio in cui risiede la migliore fertilità e capacità di trattenere l'umidità del suolo.

Inoculanti microbici - concentrazioni coltivate di particolari microbi per determinati scopi, ad esempio l'inoculante mescolato con i semi delle leguminose garantisce la presenza di batteri micorrizici simbiotici, che aiutano la capacità di fissare l'azoto della pianta e vivono nelle radici della stessa. Anche i preparati biodinamici, come il 500, agiscono in qualche misura come innocuanti microbici per il suolo, così come il compost.

Metodo della risonanza - o metodo della biorisonanza, è un termine scientifico moderno per indicare l'arte della radiestesia.

Onde di Schumann - onde radio ELF, generate dai fulmini, nella gamma degli 8, 14, 21, 27 e 33 Hertz, una gamma molto simile alle onde cerebrali umane.

Orgone - un termine per indicare le energie ambientali coniato dal ricercatore americano Wilhelm Reich, che inventò degli accumulatori di orgone che curavano il cancro. Fu incarcerato per il suo problema e morì da uomo distrutto.

Paganesimo - un termine molto deriso che si riferisce semplicemente ai popoli della terra e alla loro spiritualità basata sulla natura, che onora gli spiriti del luogo e le forze del cielo e della terra.

Paramagnetismo - la debole attrazione verso un magnete da parte di una sostanza non ferromagnetica, cioè non dipendente dalla presenza di ferro, nichel o cobalto. Il paramagnetismo conferisce al suolo una suscettibilità magnetica che favorisce la vita e quindi la fertilità.

Permacultura - un sistema di progettazione che mira a creare ambienti umani produttivi, sostenibili e che producono cibo, sul modello della natura. Dalla sua co-creazione negli anni '70 da parte di Bill Mollison e David Holmgren in Australia, il design della permacultura ha continuato a migliorare la vita delle persone e la produttività dei luoghi in tutto il mondo, diventando una parola comune. (Guarda il filmato Geomantica *Eco-Gardeners Down Under*)

Permacultura Sensitiva - combina la progettazione sostenibile del paesaggio con la comprensione geomantica dello spirito del luogo.

Prana - un termine indiano che indica le energie ambientali e personali, ad esempio il pranayama è lo yoga della respirazione e quando introduciamo l'aria nei polmoni aumentiamo i nostri livelli di energia, perché l'ossigeno è altamente paramagnetico e quindi riceviamo un prana maggiore.

Radiestesia - La capacità di attingere a fonti di conoscenza intuitive e di percepire energie elettromagnetiche, nota alla scienza come metodo biofisico o di biorisonanza.

Radionica - una forma di rabdomanzia avanzata, è un metodo sistematico per testare a distanza la salute/armonia e le malattie, tramite un testimone, e poi trasmettere energie che possono neutralizzare le condizioni di malattia o migliorare la fertilità delle persone, del bestiame, del suolo e delle colture.

Risonanza naturale - Quando due oggetti sono in armonia, avendo le stesse frequenze o un'armonica di tali frequenze, vibrano all'unisono (risuonano), determinando un aumento dei livelli di energia. La risonanza naturale si riferisce all'uso di sostanze naturali utilizzate per ottenere questo effetto di risonanza.

Scoria - roccia vulcanica fusa che si è rapidamente raffreddata, ovvero la roccia lavica.

Sorgente cieca - nota anche come cupola o sorgente d'acqua, è il luogo in cui l'acqua sotterranea risale dalle profondità del sottosuolo per poi diffondersi lungo le fessure, con un andamento simile a quello di un polipo, come rilevato dalla rabdomanzia.

Suscettibilità magnetica - la capacità di una sostanza di ricevere, trattenere e trasmettere i campi magnetici della Terra e del cosmo.

Testimone - quando si fa un test radiestesico o radionico, una foto o un pezzo della persona, dell'animale, della pianta o del luogo in questione, o un piccolo pezzo della sostanza ricercata, fornisce il testimone (campione), grazie al quale si può entrare in sintonia con il soggetto.

Tubo Cosmico - è un dispositivo di antenna radionica progettato per trasmettere le energie di vari rimedi per le colture e il terreno ai terreni agricoli.

Yang - Le forze yang sono stimolanti, attive ed espansive. In termini elettromagnetici sono energeticamente 'positive', anche se questo non si traduce necessariamente in 'buone'. Il paramagnetismo è una forza yang.

Yin - l'energia complementare opposta allo yang, le forze yin sono più sottili e contrattive ed energeticamente 'negative', anche se questo non significa necessariamente energia 'cattiva'. Il diamagnetismo è una forza yin.

Zodiaco terrestre - una combinazione di elementi naturali e artificiali del paesaggio, solitamente di forma circolare, che suggerisce una mappa delle costellazioni sovrastanti, solitamente sotto forma di figure astrologiche, delineate da strade, fiumi, colline, confini, ecc. Il modello di incidenza delle Torri Rotonde in Irlanda suggerisce una mappa stellare del cielo settentrionale al solstizio d'inverno, afferma il Prof. Callahan.

Alanna Moore

è una geobiologa, radiestesista professionista e co-fondatrice della Società di Radiestesia del NSW (Nuovo Galles del Sud) a Sydney, Australia. 1984. E' una permacultrice, amante del giardinaggio, insegnante di permacultura, avendo ottenuto 3 diplomi con Bill Mollison all'inizio degli anni 1990. E' specializzata nel combinare la parte esoterica e pratica in un unica maniera, grazie a 40 anni di esperienza. Alanna ha scritto 10 libri.

Il sito di Alanna Moore, dove ordinare libri, films, pendoli, servizi e consulenze:

www.geomantica.com

Risorse in Italia

Società Italiana di Radionica e Radiestesia
Via Pierluigi Nervi 64, Campagnano di Roma, RM 00063.
Contatti: www.radionica.it   previdi.alessandra@gmail.com

Accademia di Agricoltura Energetica Vibrazionale in Italia

Il progetto di diffusione della conoscenza relativa all'Agricoltura Energetica Vibrazionale, si basa sull'educazione continua e la collaborazione con altri ricercatori e sperimentatori. Abbiamo educato Online migliaia di persone e continuiamo a farlo attraverso l'Accademia, presente in tutta Italia e altrove.

I fondamenti dell'Accademia sono basati sullo scambio energetico continuo e sullo studio delle seguenti materie:

1) Agricoltura Energetica, ElettroColtura, Permacultura, Biodinamica, Design e Progettazione di piccoli medi e grandi giardini bionergetici e fattorie, aziende agricole fino a 100 ettari. 2) Studio approfondito della Geobiologia, comprensione, ricerca dei principali segnali e loro effetti sulle forme di vita. 3) Il mondo delle Energie Libere, in particolare con studi di dettaglio e profondi dei questi argomenti ed autori: Le Piramidi, Geroges Lakhovsky, Pierluigi Ighina, W. Reich, Harry Oldfield. 4) Radiestesia, di base, con quadranti ed avanzata. 5) Radionica in Agricoltura.

Circa 500 ore di educazione online sugli argomenti sopra.

Puoi trovare maggiori dettagli ed informazioni qui:

www.elettro-coltura.com

email Andrea Donnoli: **info@elettro-coltura.com**

Permacultura Sensitiva
- **coltivare la via della Terra Sacra**

di Alanna Moore, 2009, tradotto in Italiano 2021.

Questo libro esplora le energie vive della terra e come connettersi sensibilmente con esse attraverso il giardinaggio. Positivo e gioioso, si ispira alle tradizioni indigene dell'Australasia, dell'Irlanda e di altri paesi, combinando le intuizioni della geomanzia e della geobiologia con il design della permacultura eco-smart, per offrire un'esperienza di vita e di benessere. Nuovo ed entusiasmante paradigma di vita sostenibile.

"*Una delizia da leggere*" ... "*Lei rende la permacultura così facile e viva*"... "*Difficile da mettere giù*" ... "*Una guida molto pratica e ponderata per il giardiniere eco-spirituale, portare la consapevolezza delle dimensioni invisibili del nostro paesaggio*". Rainbow News, rivista Nuova Zelanda. ... "*Un'avventura nella consapevolezza magica e pratica della Terra*" rivista Nexus, Australia.

Rocce energetiche oggi
-- **progettare l'armonia della Terra attraverso le composizioni di roccia**

di Alanna Moore, 2013, tradotto in Italiano 2023.

Le antiche pietre trasmettono energie della terra benefiche ed abilitano punti di ancoraggio, per l'armonia degli spiriti del luogo. Le antiche tradizioni di cura, divinazione, realizzazione dei desideri ed intenti, fertilità, combinati con alcune pietre continua dall'antico mondo al quotidiano di oggi. Tutti possono sintonizzarsi con le dimensioni sottili, attraverso l'arte della radiestesia ed altre forme di super sensibilità, percezione. Collegandoci ed interagendo, possiamo migliorare il Feng Shui di un luogo, ottenendo un personale miglioramento. Fatti ispirare per scoprire tu stesso le energie magiche, associate ai siti megalitici antichi ed alle pietre energetiche moderne. Scopri come creare una configurazione di pietre in armonia con la terra e lavora con un rituale assieme alla terra sacra.

www.pythonpress.com www.elettro-coltura.com

www.ingramcontent.com/pod-product-compliance
Lightning Source LLC
Chambersburg PA
CBHW071959290426
44109CB00018B/2075